網路零售學

沈红兵 主编

前　言

電子商務是人類商業發展史上一次新的革命，是現代商業中影響最廣泛、滲透最有力、發展最迅猛、創新最突出、前景最廣闊的一種商業形態。

在 2014 年召開的中國電子商務大會上，商務部發布的《中國電子商務報告 (2013)》數據顯示，中國電子商務持續快速發展，交易總額突破 10 萬億元，同比增長 26.8%。其中，網路零售交易額超過 1.85 萬億元，同比增長 41.2%，占社會消費品零售總額的比重達 7.8%。網路零售交易總額占社會消費品零售總額比重由 2008 年的 1.2% 上升到 2013 年的 7.8%，我國的網路零售市場超過美國成為全球最大的網路零售市場。

從亞當·斯密、大衛·李嘉圖的古典經濟學，到阿爾弗雷德·馬歇爾的劍橋學派、馬克思主義經濟學，再到梅納德·凱恩斯的宏觀經濟學、米爾頓·弗里德曼的芝加哥經濟學派等，無數經濟學先賢們圍繞資源的高效配置這個核心問題提出了各式各樣的理論體系。他們對生產與擴大再生產涉及的生產、分流、分配、消費四個環節受時間與空間的限制提出了一些解決思路，如完全信息博弈假說、有效市場假說等以及模糊預測模型、神經網路預測模型、灰色預測模型等，以解決在時空限制下的資源有效配置問題。這些預測模型所依賴的數據來源的有限性、片斷性、時滯性、非結構性，使得預測很難與實際發展相符。面對工具的有限性，先賢們更多的是無奈。實現資源的高效配置成為一個可想而不可及的夢。

互聯網特別是移動互聯網和雲計算有效地突破了時空的限制，Anytime（任何時間）、Anything（任何物品）、Anyone（任何人）、Anywhere（任何地點）、Anyhow（任何方式）的生產、流通、分配、消費的"5A"理論成為實現資源要素最有效配置的終極追求和夢想。突破制約預測準確性的數據來源的片斷性、時滯性、非結構化、非自動獲取等數據障礙，在不遺漏哪怕是最微小數據的前提下，實現了完全大數據下的精確預測，為資源的高效配置增添了前所未有的利器，並由此誕生了一種新的基於電子商務交易機理與大數據預測的經濟學理論體系。

2015 年 3 月 5 日，中國十二屆全國人大三次會議上，李克強總理在政府工作報告中首次提出"互聯網+"行動計劃，一時間成為全民熱詞。李克強在政府工作報告中提出，制訂"互聯網+"行動計劃，推動移動互聯網、雲計算、大數據、物聯網等與現代製造業結合，促進電子商務、工業互聯網和互聯網金融健康發展，引導互聯網企業拓展國際市場，"互聯網+"代表着一種新的經濟形態，充分發揮互聯網在生產要素配置中的優化和集成作用。2015年7月4日，國務院發布《關於積極推進"互聯網+"行動的指導意見》，意味着國家從頂層設計上明確了創新創業、協同制造、現代農業、電子商務等11個引領着未來新業態發展方向的重點行動領域。將互聯網的創新成果深度融合於經濟社會各領域之中，提高實體經濟的創新力和生產力，形成更廣泛的以互聯網爲基礎設施和實現工具的經濟發展新形態。商務部於2015年5月15日發布《"互聯網+流通"行動計劃》，提出在農村電商、線上線下融合以及跨境電商等方面創新流通方式，釋放消費潛力，並在未來一至二年內，培育200個電子商務進農村綜合示範縣，創建60個國家級電子商務示範基地，培育150家國家級電子商務示範企業，推動建設100個電子商務海外倉，指導地方建設50個電子商務人才培訓基地。

沈紅兵

目 錄

第一章　網路零售學概述 …………………………………………………（1）
第一節　網路零售學及其研究對象 ……………………………………（1）
第二節　網路零售學理論體系 …………………………………………（5）
第三節　網路零售學研究方法 …………………………………………（7）

第二章　網路零售業態 …………………………………………………（9）
第一節　零售業態 ………………………………………………………（9）
第二節　網路零售業態類型 ……………………………………………（11）
第三節　全渠道零售 ……………………………………………………（15）

第三章　網路零售平臺 …………………………………………………（20）
第一節　網路零售平臺概述 ……………………………………………（20）
第二節　網路零售產業發展 ……………………………………………（24）
第三節　中國主要網路零售平臺 ………………………………………（31）

第四章　網路零售平臺開店 ……………………………………………（46）
第一節　網上開店概述 …………………………………………………（46）
第二節　網店經營與管理 ………………………………………………（49）

第五章　移動電子商務 …………………………………………………（53）
第一節　移動網路零售模式 ……………………………………………（53）
第二節　移動支付的發展 ………………………………………………（57）
第三節　移動網路零售行銷策略 ………………………………………（60）

第六章　跨境電子商務 …………………………………………………（65）
第一節　跨境電子商務的發展 …………………………………………（65）
第二節　跨境電子商務分類及主要企業 ………………………………（69）
第三節　跨境電子商務主要障礙及應對措施 …………………………（71）

第七章　網路零售支付與結算 ………………………………………（76）
　　第一節　網路零售支付與結算發展 ……………………………（76）
　　第二節　網上銀行 ………………………………………………（79）
　　第三節　第三方支付 ……………………………………………（84）

第八章　網路零售交易規則 ………………………………………（87）
　　第一節　網路零售交易規則 ……………………………………（87）
　　第二節　網路零售平臺網規 ……………………………………（89）
　　第三節　網路零售監管 …………………………………………（94）

第九章　網路零售主要工具軟件 …………………………………（101）
　　第一節　網路零售平臺建站工具軟件 …………………………（101）
　　第二節　圖像處理工具軟件與應用 ……………………………（102）
　　第三節　IM 工具軟件與應用 …………………………………（103）
　　第四節　CRM 工具軟件與應用 ………………………………（105）
　　第五節　APP 開發工具軟件與應用 …………………………（106）

第十章　傳統商貿企業轉型電子商務 ……………………………（109）
　　第一節　傳統商貿企業轉型電子商務現狀 ……………………（109）
　　第二節　傳統商貿企業轉型電子商務策略 ……………………（111）

第十一章　O2O 智慧商圈 …………………………………………（119）
　　第一節　傳統商圈 ………………………………………………（119）
　　第二節　O2O 智慧商圈 ………………………………………（121）

第十二章　電子商務產業規劃 ……………………………………（127）
　　第一節　電子商務產業規劃總則 ………………………………（127）
　　第二節　空間布局規劃 …………………………………………（130）
　　第三節　工作任務與項目支撐 …………………………………（132）
　　第四節　保障措施 ………………………………………………（135）

第一章　網路零售學概述

學習目的和要求

本章主要闡述網路零售學的概念、研究對象、理論體系、研究方法等。通過本章學習，應達到以下目的和要求：

(1) 認識網路零售學的時代性、重要性、實踐性。
(2) 瞭解並掌握網路零售學研究的主要內容。
(3) 瞭解並掌握網路零售學的研究方法。

本章主要概念

傳統零售　網路零售　網路零售學　電子商務　網路零售交易模型

第一節　網路零售學及其研究對象

一、網路零售學的研究對象

（一）學科研究對象的確立標準

研究對象是對某一學科研究範圍及內容的高度概括。確定研究對象的意義是學科研究的起點，只有確立了研究對象，才能建立科學的學科體系。任何學科都有其特定的研究對象，沒有特定研究對象的學科就不能稱其為獨立學科，而研究對象的區別正是學科間的根本區別標誌。

1. 研究對象的特殊性

研究對象的特殊性即指學科要重點解決的特殊矛盾，用以回答此學科不同於其他學科的根本差別所在。毛澤東在《矛盾論》中指出："科學研究的區分，就是根據科學對象所具有的特殊的矛盾性。因此，對於某一現象的領域所特有的某一種矛盾的研究，就構成某一門科學的對象。""固然，如果不認識矛盾的普遍性，就無從發現事物運動發展的普遍的原因或普遍的根據；但是，如果不研究矛盾的特殊性，就無從確定一事物不同於他事物的特殊的本質，就無從發現事物運動發展的特殊的原因，或特殊的根據，也就無從辨別事物，無從區分科學研究的領域。"法國社會學家埃米爾·迪爾凱姆也指出："一門科學只有在真正建立起自己的個性並真正獨立於其他學科時，才能成為一門真正的科學。一門科學之所以能成爲特別的學科，是因爲它所研究的現象，是其他學科所不研究的。如果各門科學所研究的現象相同，或者同樣的概念可以不加區分地適用於各種不同性質的事物，那麼，也就不可能有各門科學了。"可見，獨有的研究對象是衡量學科能否獨立存在的標準，學科間的區別就在於研究對象的區別。

2. 研究內容的概括性

研究內容的概括性是指研究對象能否對研究內容進行概括和集中反應。我國著名會計學大師餘緒纓認爲："一門學科的（研究）對象，是其特定領域有關內容的集中和概括，是貫穿於該學科的始終的。"研究對象是最能反應理論本質的東西，具有概括、抽象、簡潔的特徵，一經抽象界定後，具有相對穩定性，一般不會輕易發生改變。研究內容是對研究對象的具體和豐富，隨著學科發展、研究深入和實踐的需要不斷拓展和充實，具有多樣、具體和變化的特徵。但是，研究內容的這些表現在本質上應當與研究對象保持一致，否則，學科研究對象的存在性就值得懷疑。此外，對研究對象的強調與將學科的邏輯起點定位於目標的觀點（如國內目前對戰略管理會計的基本認識）並不衝突。學科的目標可能存在着最終目標、直接目標、具體目標的層次之別，而研究對象卻最能概括地體現學科目標的核心所在。

3. 研究價值的實用性

研究價值的實用性是指研究的對象本身對於研究主體必須是有意義的，能夠有助於研究主體認識世界、解釋世界和改造世界，如果不能做到這一點，即使它是特殊的，也沒有存在的必要。馬克思在《1844年經濟學哲學手稿》中指出，研究"對象如何對他說來成爲他的對象，這取決於對象的性質以及與之相適應的本質力量的性質，因爲正是這種關係的規定性形成一種特殊的、現實的肯定方式"。實用性標準用以回答學科爲什麼存在的問題。

（二）網路零售學研究對象的確立

網路零售學是研究廠商與終端消費者之間以（移動）互聯網爲媒介相互交換商品和服務及其貨款所有權特殊運動的規律的一門科學。

1. 網路零售學研究對象的特殊性

人類交換有數千年的歷史，從最早的物物交換到以貨幣爲中介的交換，再到現代意義的商品經濟。隨著現代科學技術的飛速發展，新的科學技術應用在了商品交換中，出現了通過報紙、雜誌等印刷品，收音機、廣播、電視機、無人售貨機等機械、電子手段實現商品交換的商業模式，但這些商品交換模式都沒有從根本上改變幾千年來所形成的傳統商業運行模式，即在有形市場上交換主體之間"一手交錢一手交貨"（這裏的"錢"一般是有形貨幣現金的形式）的即期交易（遠期交易後來也發展成爲一種重要的商業形式），而網路零售交易則是突破了實體有形市場的束縛，利用互聯網特別是移動互聯網來完成交易，最終形成了網路零售交易市場。

電子商務是人類商業發展史上一次新的商業革命，是現代商業中影響最廣泛、滲透最有力、發展最迅猛、創新最突出、前景最廣闊的一種商業形態。在2014年召開的中國電子商務大會上，商務部發布的《中國電子商務報告（2013）》數據顯示，我國電子商務持續快速發展，交易總額突破 10 萬億元，同比增長 26.8%。其中，網路零售交易額超過 1.85 萬億元，同比增長 41.2%，占社會消費品零售總額的比重達 7.8%。網路零售交易總額占社會消費品零售總額比重由 2008 年的 1.2% 上升到 2013 年的 7.8%，我國的網路零售市場超過美國成爲全球最大的網路零售市場。網路零售學就是研究在互聯網和移動互聯網新技術發展基礎上出現的商貿流通新業態。

網路零售是指通過互聯網或其他電子渠道，針對個人或家庭的需求銷售商品和服務。該定義包含所有針對終端顧客（而不是生產性顧客）的電子商務活動，即企業對顧客（B2C）或網商對顧客（C2C），而不是企業對企業（B2B）。利用互聯網發布商品信息、推廣企業或塑造商品品牌等商業活動，雖然都屬於 B2C 的範疇，但由於沒有"商品和服務與貨款的所有權相互讓渡"的網上（線上）直接交易，而是交易撮合，在傳統渠道完成交易或線下真正地交割貨款，仍屬於傳統零售範疇。嚴格意義上的網路零售是指網商與網購者之間利用互聯網進行的網貨與網貨款所有權相互讓渡活動。

2. 網路零售學研究內容的概括性

任何一種規範的經濟學研究必然有其核心概念，該概念是對眾多經濟現象的高度邏輯抽象。概念必須以事實爲基礎，同時又是對事實的高度概括。網路零售學的核心概念是：對網路零售中廠商與終端消費者之間，以網路媒介相互轉讓商品或勞務和貨款所有權的交易活動及其特殊運動爲基礎，對該交易活動及其特殊運動規律進行高度概括所形成的一組概念，該核心概念簇本身又構成網路零售學學科的一個完整理論體系。

二、網路零售學學科定位

(一) 網路零售學是屬於經濟學大範疇的一門應用經濟學學科

經濟學是對人類各種經濟活動和各種經濟關係進行理論的、應用的、歷史的以及有關方法的研究的各類學科的總稱。經濟學又可稱爲經濟科學（Economic Sciences），是研究人類個體及其社會在自己發展的各個階段上的各種需求和滿足需求的活動及其規律的學科，經濟學（Economics）被稱爲"社會科學之皇后"。相對於人們的慾望，經濟資源總是短缺的。經濟學就是研究如何合理地配置稀缺的經濟資源來滿足人們的多種需求的學科。微觀經濟學與宏觀經濟學是經濟學的基礎。微觀經濟學是研究社會中單個經濟單位的經濟行爲，以及相應的經濟變量的單項數值如何決定的經濟學說，亦稱市場經濟學或價格理論，其中心理論是價格理論。宏觀經濟學是以國民經濟總過程的活動爲研究對象，主要研究就業總水平、國民總收入等經濟總量，宏觀經濟學也稱爲就業理論或收入理論。

理論經濟學論述經濟學的基本概念、基本原理以及經濟運行和發展的一般規律，爲各經濟學科提供理論基礎。應用經濟學主要指應用理論經濟學的基本原理研究國民經濟各個部門、各個專業領域的經濟活動和經濟關係的規律性，或對非經濟活動領域進行經濟效益、社會效益的分析而建立的各個經濟學科。它可分爲若干個分支，其中，以國民經濟個別部門的經濟活動爲研究對象的學科有農業經濟學、工業經濟學、商業經濟學、建築經濟學、運輸經濟學等。商業經濟學往下可分為零售學、批發學等。網路零售學是零售學的一個分支。

(二) 網路零售學是一門應用經濟學交叉學科

網路零售學是現代商貿流通業中的一種全新的商品流通形態——以互聯網和移動互聯網作為媒介聯結供需雙方，實現買賣雙方溝通、交易與支付結算的商品分配、流通新模式。網路零售學是零售學、網路經濟學與電子商務的交叉學科，如圖1-1所示：

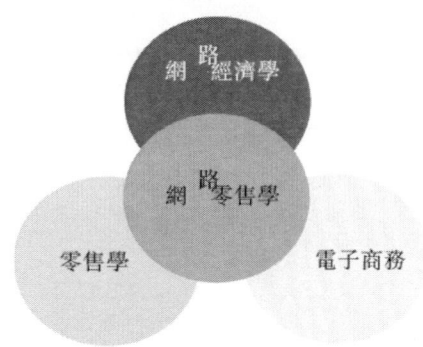

圖1-1　網路零售學是零售學、網路經濟學、電子商務學科的交叉

與網路零售學聯繫緊密但又相區別的學科包括流通經濟學、零售學、網路經濟學、電子商務、電子支付與結算、網路行銷等。

三、研究網路零售學的意義

研究網路零售學的意義是多方面的，可以從經濟學學科建設、政府、企業和消費者四個方面進行討論。

首先，研究網路零售學有利於建立完善經濟學學科體系，彌補經濟學理論解釋當前經濟現象乏力，理論指導實踐能力欠缺的弱點，增強經濟學對當前新經濟特別是網路零售經濟現象的解釋與理論指導。網路零售學成為經濟學中一門重要的應用經濟學學科，填補了應用經濟學的理論空白，從而有利於完善現代經濟學學科體系。

其次，研究網路零售學有利於政府促進、引導現代流通產業特別是以互聯網和移動互聯網為媒介的網路零售業的健康發展。政府制定科學的網路零售產業政策必須要有相應的理論作支撐，而網路零售學是研究網商與網購者之間利用互聯網進行網貨與網貨款所有權的相互讓渡的活動，可為政府機構及相關人員制定產業發展宏觀政策，優化產業組織與產業結構，幫助傳統商貿流通業向全渠道零售轉型升級，實現在新常態下我國的經濟社會又好又快發展，提供理論依據與實證資料。

再次，研究網路零售學既有利於網路零售交易平臺運營商或獨立零售網站機構、人員以及網商正確選擇投資領域，也有利於社會各級機構及人員建設和運營網路零售交易平臺，通過網路零售實現"全民創業、萬眾創新"，可分析網路零售市場競爭狀況，提高資源使用效率，從而制定正確的競爭策略，保持在網路零售市場中的競爭優勢。

最後，研究網路零售學有利於引導網上消費者進行理性網路購物，規避網購風險，保障自身合法權益，利用網路零售市場方便、快捷、安全、多選擇等優勢豐富和提升生命體驗，提高生活質量。

第二節　網路零售學理論體系

一、網路零售交易模型

網路零售一般交易規律用可用網路零售交易模型加以說明，如圖1-2所示：

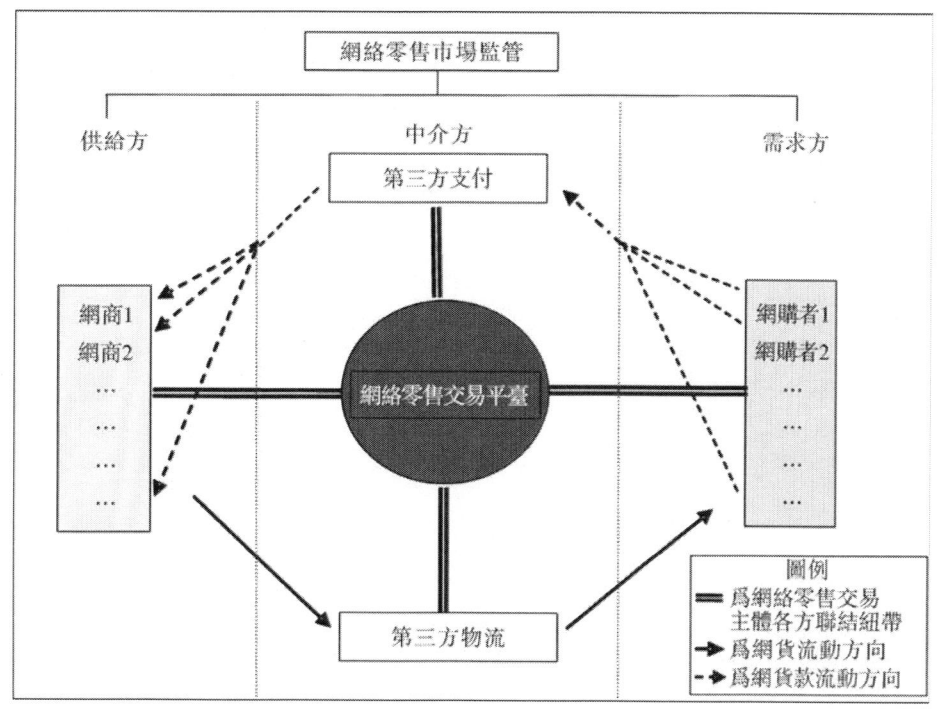

圖1-2　網路零售"商品（服務）-貨款"交易模型

網路零售由交易的基本雙方所構成，其中一方為供給方，他是網路零售交易的客體——網貨（包括有形商品與服務型商品）的提供者，他們向網購者提供所需要的商品和服務；另一方是需求方，他是網路零售的客體——網貨的需求者，他為了獲得網貨的所有權，滿足其自身的效用必須向供給者支付一定的代價即網貨款。網貨所有權從供給方網商轉移到需求方網購者，網貨款所有權從需求方網購者轉移到供給方網商，從而完成一個"商品（服務）⇌貨款"的循環。其中，供給方網商在網路零售交易中，失去的是網貨的所有權，得到的是網貨款的所有權，並因此獲得相應的利益（以價值形態存在）。需求方網購者在網路零售交易中，失去的是網貨款的所有權，得到的是網貨的所有權，並因此獲得相應的效用（以實物或服務形態存在）。供求雙方在交易完成後，"各取所需""各得其所""雙向共贏"。這既是零售業產生於數千年前的奧秘，雖歷經波折但依然保持非常頑強生命力的價值所在，也是網路零售業的內在運行規律。

所不同的是，與傳統零售業的"商品（服務）⇌貨款"相比，網路零售中的"網貨⇌網貨款"中加入了一個中介，即圖1-2中的中介方——互聯網，是互聯網把交易的供需雙方聯結起來，而不是像傳統零售一樣通過有形實體市場把交易的供需雙方聯結起來，網路本身既是有形的，同時也是無形的。更重要的是，供需雙方的交易通過互聯網達成，並通過網路約定交易雙方的權利與義務，其中需求方網購者放棄網貨款所有權，通過電子支付工具，將相應的網貨款所有權轉移給供給方網商；而供給方網商則相應放棄網貨所有權，將相應的網貨所有權，通過物流轉移給需求方網購者。

在網路零售交易各方之上的是政府。為了保證網路零售市場的正常健康發展，做大做強網路零售市場，也為了保證全體社會成員的福祉，作為社會公共產品的提供者，履行社會公共管理職能的政府有責任和義務對網路零售市場實施監管，保證網路零售市場的公平、公正、公開。政府本身並不參與網路零售交易，它只是網路零售交易的"裁判員"，而不是"運動員"。

二、《網路零售學教程》全書框架

《網路零售學教程》全書分為十五章。

第一章是概述，主要闡述網路零售學的研究對象、研究內容，網路零售學的學科地位，網路零售學的理論體系，網路零售學的研究方法等內容。它是全書的先導性內容。

第二章是網路零售業態，主要闡述B2C、C2C、C2B與O2O，全渠道零售的概念、內涵、特點、商業模式和發展趨勢。

第三章是網路零售平臺，主要闡述第三方網路零售平臺、商貿流通企業建立與運營自營零售平臺、廠商自建官方網上商城等，並對我國多個電子商務平臺進行比較。

第四章是網路零售平臺開店，主要闡述如何在第三方電子商務開放平臺開店，包括開店條件、流程、網店運營與管理、網店行銷等。

第五章是移動電子商務，主要闡述移動電子商務模式、移動支付發展以及移動互聯網零售行銷策略。

第六章是跨境電子商務，主要陳述跨境電子商務發展、跨境電子商務平臺以及跨境電子商務行銷。

第七章是網路零售支付與結算，主要陳述網路零售支付與結算發展、網路零售支付流程及安全保障、第三方支付的作用以及電子支付的最新發展。

第八章是網規，主要闡述網路零售交易規則與監管產生的經濟學原因、網規的內涵與外延、網規與傳統網路零售交易規則相比所具有的不同特點、網規存在的價值與效用、網路零售平臺網規的具體內容、網路零售市場監管的內容與目標等。

第九章是網路零售主要工具軟件，主要闡述網路零售平臺建站工具軟件、修圖工具軟件與應用、IM工具軟件與應用、CRM工具軟件與應用以及APP開發工具軟件與應用。

第十章是傳統商貿企業轉型電子商務，主要闡述傳統商貿企業轉型電子商務的現狀，傳統商貿企業轉型電子商務的路徑、方式、策略等。

第十一章是O2O智慧商圈，主要闡述傳統商圈與智慧商圈的定義、各自特點，傳統商圈面臨的挑戰和向智慧商圈轉型升級的必要性。

第十二章是電子商務產業規劃，主要闡述電子商務產業規劃的目的、作用和價值，電子商務產業規劃的主要內容，制定電子商務產業規劃的方法和步驟。

第三節　網路零售學研究方法

在構建網路零售學的學科體系時，必須高度重視科學的研究方法。只有建立在科學研究方法之上的網路零售學，才能獲得廣泛的解釋力和對實際經濟運行的指導力。因爲經濟學的任務不僅是認識世界，科學地解釋網路零售這種新的基於互聯網的商品流通新業態和經濟現象，更重要在於指導網路零售的經濟實踐。根據網路零售學的研究對象、學科性質和研究內容的複雜性，研究網路零售學有多種方法，主要包括：

一、宏觀分析與微觀分析相結合的方法

網路零售業是指生產廠商通過互聯網媒介與終端消費者之間相互交換商品與貨款所有權所構成的商品交換渠道與模式。我們在研究網路零售經濟中，需要運用微觀分析方法，掌握網路零售內部各個微觀經濟主體的特點，有針對性地進行研究；同時，又要運用宏觀分析方法，把許多網路零售部門構成的整體作爲研究對象，研究網路零售業在整個經濟發展中的變動規律和對經濟總量影響的規律。只有將宏觀分析和微觀分析有效地結合起來，才能充分認識網路零售產生、發展、變動的規律性，正確處理網路零售經濟發展過程中出現的問題。

二、實證分析與規範分析相結合的方法

實證研究是網路零售經濟學研究問題的基本方法。實證研究是對社會經濟的實際運行情況進行描述、分析和解釋的方法。實證研究通過分析實際經濟運行的過程及其規律，說明社會經濟現象"實際是什麼"，它不涉及對實際經濟運行狀況和後果的評價，不回答社會經濟現象好壞的問題。規範研究是分析社會經濟應該怎樣運行的方法。規範研究對社會經濟運行的過程和結果做出理論分析和價值判斷，評價利弊得失，回答社會經濟現象"應該是什麼"的問題，通過一定的價值標準進行判斷與推理，找出更好地管理網路零售發展的方法和措施。在進行網路零售經濟學的研究時，要將實證分析與規範分析結合起來，而不能將二者割裂開來，既要重視實證分析，又要進行規範分析，首先進行實證研究，然後再進行規範研究，發揮網路零售學揭示網路零售發展規律，促進網路零售發展的作用。

三、靜態分析與動態分析相結合的方法

靜態分析是分析事物在某一時點或橫截面上的狀況和帶有規律性的特徵的方法，這種方法有助於認識事物的現狀，有助於進行比較研究，分析發現網路零售中存在的問題，從而有針對性地進行解決。然而，網路零售總是處於不停的發展變化之中，研究網路零售的發展變化規律，又必須運用動態分析的方法，這種方法更有利於揭示事物發展的規律。在許多情況下靜態分析是動態分析的起點和基礎，網路零售學的研究更注重動態的發展的觀點，動態研究是研究網路零售經濟的主要方法。

四、定性分析與定量分析相結合的方法

定性分析是對網路零售經濟研究的內容進行一般的、規律性的總結，它不涉及具體的、量的計算。定量分析方法具有確定的量化內容，它通過建立一定的經濟數學模型，確定網路零售經濟中有關量的計量值，它涉及具體的數量計算。定性分析是定量分析的前提，能夠減少定量分析的複雜性和難度；定量分析加深定性分析，使定性分析具體化、數量化、精確化、可操作化。

五、統計分析與比較分析相結合的方法

研究網路零售經濟學要運用統計分析的方法，探尋網路零售內部客觀存在的規律，總結出具有代表性的一般網路零售規律，從而指導網路零售的發展。由於不同國家、不同地區的網路零售所處的經濟階段不同、條件不同，網路零售發展的表現形式不同，因此還要運用比較分析方法，通過對大量的網路零售資料進行比較分析，分析各國的網路零售及網路零售之間的關係，並與該國的資源、人口、經濟狀況、文化傳統等相聯繫，進行比較分析，從中得出相關的結論和經驗，發展各國經濟。因此，研究網路零售學，需要將統計分析與比較分析結合起來。

思考題

1. 網路零售學的研究對象是什麼？
2. 網路零售學與電子商務的區別與聯繫是什麼？
3. 網路零售交易模型的內容是什麼？
4. 網路零售學有哪些研究方法？

第二章　網路零售業態

學習目的和要求

本章主要闡述網路零售業態定義、主要內涵、分類、發展歷程及其各自商業模式，網路零售業態與傳統零售業態的區別與聯繫，全渠道零售的產生、發展、內涵及主要內容。通過本章學習，應達到以下目的和要求：

(1) 認識網路零售業態與傳統零售業態的區別與聯繫。
(2) 認識並掌握網路零售主要業態類型及其商業模式。
(3) 認識並掌握全渠道零售內涵及其主要內容。

本章主要概念

零售業態　網路零售業態　B2C　C2C　C2B　O2O　全渠道零售　全渠道零售管理系統

零售業態（Retail Formats），是指銷售市場向確定的顧客提供確定的商品和服務的具體形態。自19世紀中葉以來，世界市場的業態革命此起彼伏。零售業態是零售企業適應市場競爭日趨激烈的產物，是物競其類、適者生存法則在商品流通領域的表現。

第一節　零售業態

一、零售業態概述

零售業態是指零售企業爲滿足不同的消費需求而形成的不同的經營形態。針對特定消費者的特定需求，按照一定的戰略目標，有選擇地運用商品經營結構、店鋪位置、店鋪規模、店鋪形態、價格政策、銷售方式、銷售服務等經營手段，提供銷售和服務的類型化服務形態。

零售業態是動態的、發展的。隨著生產的發展、需求的增長，零售業態也在不斷地發展。目前我國對八種零售業態進行了規範。

二、零售業態分類

零售業態的分類主要依據零售業的選址、規模、目標顧客、商品結構、店堂設施、經營方式、服務功能等確定。零售業態在網路零售業態產生以前，稱為傳統實體零售業態，主要分為八種：超市、便利店、大型綜合超市、倉儲式會員式商店、百貨店、專業店、專賣店和購物中心。

1. 超級市場（Supermarket）

超級市場採取自選銷售方式，以銷售食品、生鮮食品、副食品和生活用品為主，是顧客每日需求的零售業態。

2. 便利店（Convenience Store）

便利店是以滿足消費者便利性需求為目的的零售業態，主要提供便利商品、便利服務。按照便利店的標準，便利店的價格水準要高於超市的價格。顧客追求便利的時候，追求的亦是商品的功能，而不是價格，所以這是一個更高層次的消費需求。

3. 大型綜合超市（Large Comprehensive Supermarket）

大型綜合超市採取自選銷售方式，以銷售大眾化實用品為主，是滿足顧客一次性購足需求的零售業態。它與超市的不同之處，在於它銷售的是大眾化的實用品，滿足的是顧客一次性購足的需求。

4. 倉儲式會員商店（Warehouse Store）

倉儲式會員商店是指會員制的倉儲式商店，沃爾瑪、麥德龍都屬於這一類型。它們都是會員制，但是方式不一樣，消費對象也不一樣。麥德龍的會員制客戶類似三級批發商，面向社會團體、中小商戶，它的客戶很集中，20%的顧客購買它80%的商品，它能更好地掌握其顧客的需求。

5. 百貨店（Department Store）

百貨店是指在一個大的建築物內，根據不同的商品設立銷售區，開展訂貨、管理、營運，滿足顧客對時尚商品多樣化選擇需求的零售業態，是最普遍、最成熟的一種經營方式，也是現在經營最不景氣的一種零售業態。最根本的原因在於這些店建立於20世紀90年代初經濟最旺盛的時期，而且大部分在貸款利息最高的時候負債經營。

6. 專業店（Speciality Store）

專業店是指以經營某一大類商品為主，並且備有豐富專業知識的銷售人員和適當的售後服務，滿足消費者對某大類商品的選擇需求的零售業態。這個業態在國外剛剛起步，有一個很好的發展空間。專業店是百貨店最強有力的競爭對手。

7. 專賣店（Exclusive Shop）

專賣店是指專門經營或授權經營制造商的品牌，適應消費者對品牌選擇需求的零售業態。經營的商品可以不是某一類的商品，但是是某一品牌的商品。如鱷魚牌，它有衣服、皮帶、皮夾、皮鞋、皮包等，都是一個品牌。消費者選擇的是一個品牌，可能是一系列的產品，這種專賣店也發展得很好。

8. 購物中心（Shopping Mall）

購物中心是指企業有計劃地開發、擁有、管理、營運的各類業態、服務設施的結合體。其是有計劃開發的，由一些開發商來建設。與百貨公司的根本不同的是三權分離，即物業、管理、經營形成獨立三方，只有資本的滲透。與批發商場的不同在於購物中心有主力店，占很大比例，有主題、選址、設計，有統一計劃，有管理公司統一管理。

隨著現代科技的發展，零售業態中出現了無實體店鋪零售業態類型。"無店鋪銷售"是現代市場行銷的重要形式之一，它與各種類型實體店鋪銷售相比有著運作流程和管理方式上的巨大差異。作為一種與傳統店鋪銷售相對應的銷售業態，無店鋪銷售業態在信息技術迅猛發展的今天具有良好的發展前景和深遠的經濟意義。2004年10月開始實施的《零售業態分類》標準就已經首次將5種無店鋪銷售形式列為零售業態，無店鋪銷售方式被我國零售業正式承認。無店鋪銷售有以下幾種方式：

一是電視購物（TV Shopping），即以電視作為向消費者進行商品推介展示的渠道，並取得訂單的零售業態。

二是DM單郵購（DM Mail Order），即以郵寄DM商品目錄作為向消費者進行商品推介展示的主要渠道，並通過郵寄等方式將商品送達消費者的零售業態。

三是網上商店（Online Store），即通過互聯網路進行買賣活動的零售業態。

四是電話購物（Telephone Shopping），即主要通過電話完成銷售或購買活動的一種零售業態。

五是自動售貨機（Vending Machine，VEM），即能根據投入的錢幣自動付貨的機器。自動售貨機是商業自動化的常用設備，它不受時間、地點的限制，能節省人力、方便交易，是一種全新的商業零售形式，又被稱為24小時營業的微型超市。其分為三種：飲料自動售貨機、食品自動售貨機、綜合自動售貨機。

第二節　網路零售業態類型

網路零售是隨著互聯網技術的發展而出現的最新業態類型。網路零售（E-Retail）是指通過互聯網或其他電子渠道，針對個人或者家庭的需求銷售商品或者提供服務。網上零售（B2C/C2C）即交易雙方以互聯網為媒介的商品交易活動，通過互聯網進行的信息的組織和傳遞，實現了有形商品和無形商品所有權的轉移或服務的消費。買賣雙方通過電子商務（線上）應用實現交易達成（商流）、交易信息查詢（信息流）、貨款交付（資金流）和商品交付（物流）等。

一、網路零售概述

1. 定義

中國電子商務研究中心發布的《2009年中國網路零售調查報告》給出了網路零售的定義，網路零售是指交易雙方以互聯網為媒介進行的商品交易活動，即通過互聯網進行的信息的組織和傳遞，實現了有形商品和無形商品所有權的轉移或服務的消費。

2. 優勢

（1）降低了交易成本，提高了服務質量。網路零售爲消費者選擇最低價格的商品和服務提供了可能，只需點擊鼠標即可完成購物，減少了購物時間，也免去了購物中心的嘈雜、擁擠，消費者可享受悠閒自在、隨心所慾的高質量的服務。

（2）打破了時空限制。零售商家實現了 7×24 小時無節假日營業，消費者可隨意安排購物時間。

（3）打破空間、地區限制，消費者在家里就可以購買全世界的商品。

（4）品類極大豐富，除法律禁止銷售或不符合社會道德規範的商品與服務外，均能在網上銷售和購買。

二、網路零售發展動因

網路零售的發展動因既有傳統實體零售業態存在的自身問題，也有消費者需求的變化和互聯網技術的迅猛發展。

1. 傳統零售業態存在的問題

（1）零售業過剩。

（2）零售業對空間的要求較高。

（3）收益下降。

（4）人員隨著店面的擴大增多。

2. 消費者需求的變化

（1）消費行爲的改變。

（2）某些用戶的消費行爲從註重品牌轉向註重最低價格。

（3）消費者用於購物的時間呈下降趨勢。

（4）消費者希望享受高質量的服務。

3. 互聯網技術的發展

（1）網路零售消除了時間和空間對交易的限制。

（2）無須考慮物理上的存儲空間問題、人員問題、物理店面的成本，只需解決服務器容量問題。

（3）移動互聯網技術的應用,出現了新的零售模式,網路零售開闢了新的市場空間。

（4）大數據、雲計算和 LBS（Location Based Services）發展爲精確分析消費者行爲，實現精確行銷提供了有力的工具。

三、網路零售業態類型

（一）B2C（Business to Consumer，即企業到消費者）

1. 綜合類 B2C

綜合類 B2C 電子商務系統支持全面的商品陳列展示、信息系統智能化、客戶的關係管理、物流配送、支付管理等業務功能，具有許多能提高客戶體驗、提供人性化與視覺化的服務。

如當當網涵蓋了圖書音像、服裝鞋靴、美妝飾品、手機數碼、箱包家紡、食品家電等品類，爲消費者提供更多生活、工作中需求的產品。

2. 垂直類 B2C

垂直類 B2C 電子商務系統是指圍繞具體企業的核心領域，在其行業內繼續挖掘新亮點的服務系統。本系統具有與行業內各種品牌的數據交換、多種支付手段、產品管理、服務管理、渠道商獎金和返點管理、生產商合作管理等許多定制功能。

3. 生產企業網路直銷類 B2C

生產企業網路直銷類 B2C 電子商務系統是以具體企業的戰略定位和發展目標爲依據建立的。它能協調企業原有的線下渠道與網路平臺的利益，幫助實行差異化的銷售。如：網上銷售所有產品系列，而傳統渠道銷售的產品則體現地區特色。實行差異化的價格，線下與線上的商品定價根據時間段不同分別設置。線上產品也可通過線下渠道完善售後服務。

4. 平臺類 B2C 網站

平臺類 B2C 電子商務系統是一種拓寬網上銷售渠道的業務平臺。通常，中小企業的人力、物力、財力都十分有限，利用此系統可以形成一個較高知名度、點擊率和流量的第三方平臺以便爲更多的中小企業服務。本系統具有完整的網路渠道開發、多類別產品展示、倉儲系統管理、供應鏈管理、物流配送體系管理功能。

主要實現方式有新興網上商店、傳統商店上網。

(二) C2C

C2C（Consumer to Consumer，即消費者到消費者），就是個人與個人之間的電子商務。如一個消費者有一臺電腦，通過網路進行交易，把他的商品出售給另外一個消費者，此種交易類型就稱爲 C2C 電子商務。

C2C 網路零售平臺主要有淘寶網、拍拍網、易趣網、百度有啊網等。

(三) C2B

C2B（Consumer to Business，即消費者到企業），是互聯網經濟時代新的商業模式。C2B 是先有消費者需求產生而後有企業生產，即先有消費者提出需求，後有生產企業按需求組織生產。通常情況爲消費者根據自身需求定制產品和價格，或主動參與產品設計、生產和定價，產品、價格等彰顯消費者的個性化需求，生產企業進行定制化生產。

C2B 的核心是以消費者爲中心，讓消費者當家做主。站在消費者的角度看，C2B 產品應該具有以下特徵：第一，相同生產廠家的相同型號的產品無論通過什麼終端渠道購買價格都一樣，也就是全國人民一個價，渠道不掌握定價權（消費者平等）。第二，C2B 產品價格組成結構合理（拒絕暴利）。第三，渠道透明。第四，

13

供應鏈透明（品牌共享）。

C2B改變了原有生產者（企業和機構）和消費者的關係，是一種消費者貢獻價值（Creation Value），企業和機構消費價值（Consumption Value）商務模式。

（四）O2O

O2O（Online to Offline，即在線到離線/線上到線下），是指將線下的商務機會與互聯網結合，讓互聯網成為線下交易的前臺，這個概念最早來源於美國。O2O的概念非常廣泛，既可涉及線上，又可涉及線下，可以通稱為O2O。

O2O電子商務模式需具備五大要素：獨立網上商城、國家級權威行業可信網站認證、在線網路廣告行銷推廣、全面社交媒體與客戶在線互動、線上線下一體化的會員行銷系統。

O2O商務模式的關鍵是：在網上尋找消費者，然後將他們帶到現實的商店中。它是支付模式和為店主創造客流量的一種結合（對消費者來說，也是一種"發現"機制），實現了線上的購買，線下的服務。

四、網路零售業態發展的意義

1. 從供應鏈角度來看，網路零售使分銷渠道結構扁平化

傳統零售渠道天然地被空間距離隔開，因此可以形成總代理、區域代理等層層向下的金字塔狀多級代理結構。網路渠道的興起，首先為所謂的區域"竄貨"提供可能。此外，一些網商從誕生之初，就形成了"前店後廠"的模式，拋去了中間的各級代理。總體看來，網商零售對渠道結構的改造降低了零售業的渠道成本。

2. 從商品類型來看，小眾需求在網路渠道受到尊重

網路提供了足夠寬廣且廉價的零售平臺，使得原本"小眾"並難以支撐起一個實體零售網點或進入實體網點銷售的需求，在網路零售平臺上得以滿足，並且這些零散卻數量巨大的小眾需求帶來的銷售總額並不亞於暢銷商品。以中秋節前夕網路熱賣的月餅模具為例，地面渠道中僅在專門的批發市場有售（並不面向個人消費者），原本也僅有少量的DIY愛好者通過C2C平臺以及垂直類網路論壇購買。網商銷售商品的同時會附帶DIY月餅的食譜和方法供用戶參考，客觀上帶動了月餅模具等DIY材料的需求增長，加上C2C平臺適時的推動，帶來了小眾需求商品熱銷的局面。

3. 從客戶關係及體驗來看，自助式的購物體驗使得消費過程更輕鬆

在超市尚不普及時，很多孩子都有攥著錢在櫃臺前想買一包零食卻不敢開口的經歷，在人際交往方式日漸虛擬化的今天，在實體網點被亦步亦趨的店員熱情服務對於消費者來說並不一定是愉快的體驗。這可以從一個側面解釋為什麼一些奢侈品依然可以網上熱賣，除了價格因素外，自助式的購物可以讓消費者更加從容和自信。

4. 從技術創新與應用上看，移動購物需求使移動互聯網技術創新與應用速度不斷加快

傳統電子商務已經使人們感受到了網路所帶來的便利和樂趣，但它的局限性在於臺式電腦携帶不便，而移動電子商務則可以彌補傳統網購的這種缺憾，可以讓人們隨時隨地利用手機分享商品、購物，感受獨特的手機購物體驗。無線新技術，如 WAP2、OS、GPRS、EDGE、UMTS/3G/4G、藍牙、指紋識別一類的生物測定技術，以及安全交易技術、加密/解密和數字簽名等技術的發展為移動購物提供了技術保障，反過來，消費者對網上購物的便利性、個性化、安全性要求，又促進了移動互聯網技術的進一步發展和應用。

第三節　全渠道零售

隨著網路零售特別是移動購物的興起和發展，傳統的實體零售渠道已很難滿足消費者的需求和市場競爭的需要，生產企業和商貿流通企業迫切需要集合傳統渠道與網上渠道，即全渠道零售方式。全渠道零售（Omni-Channel Retailing），就是指企業為了滿足消費者任何時候、任何地點、任何方式購買的需求，採取實體渠道、電子商務渠道和移動電子商務渠道整合的方式銷售商品或服務，提供給顧客無差別的購買體驗。

一、全渠道零售定義

全渠道零售，是指企業採取盡可能多的零售渠道類型進行組合和整合（跨渠道）銷售的行為，以滿足顧客購物、娛樂和社交的綜合體驗需求，這些渠道類型包括有形店鋪和無形店鋪，以及信息媒體（網站、呼叫中心、社交媒體、E-mail、微博、微信）等。

二、零售渠道擴展史

零售業渠道演變經歷了三個時代：單渠道時代、多渠道時代、全渠道時代。呈現出渠道從一到多，從狹窄到寬泛的演變過程，如圖 2-1 所示。

（一）單渠道時代

20 世紀 90 年代以前，巨型實體店連鎖時代到來，多品牌化實體店數量減少，這是磚頭加水泥的實體店鋪時代。單渠道模式經營的企業的困境在於渠道單一，由於購物半徑的限制，實體店僅僅覆蓋周邊的顧客。隨著時間的推移，實體店鋪租金和人力成本等大幅上漲，而實體店鋪總收入卻在減少，成本增加，利潤微薄，發展越發困難，其生存岌岌可危。

(二) 多渠道時代

2000—2012 年，網上商店時代到來，零售商採取了線上和線下雙重渠道，這是鼠標加水泥的零售時代。多渠道與單渠道相比其路徑更豐富，但也面臨著瓶頸：渠道分散，幾套人馬，管理成本上升；內部惡性競爭，搶奪資源，團隊內耗，資源浪費；外部價格不同、促銷不同、服務不同，顧客體驗冰火兩重天；左手打右手，效率下降，投資回報下降，亟須改變。

(三) 全渠道時代

2013 年開始，企業關註顧客體驗，有形店鋪地位弱化，這是鼠標加水泥加移動網路的全渠道零售時代。由於信息技術進入社交網路和移動網路時代，形成了寄生在全渠道上工作和生活的群體，導致全渠道購物者崛起，一種信息傳遞路徑就成為一種零售渠道。

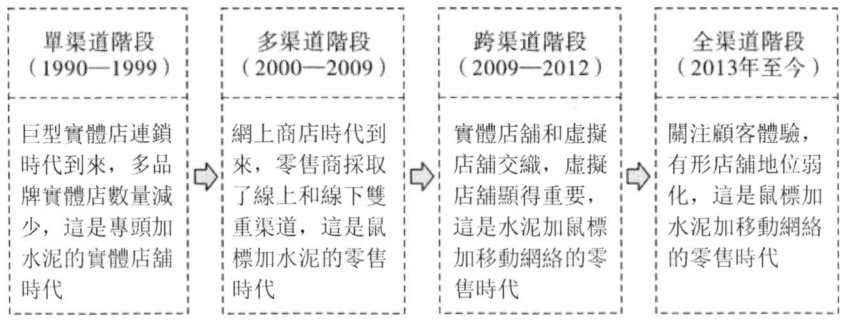

圖 2-1　零售渠道變革路線圖

三、全渠道零售內容

全渠道零售內容如圖 2-2 所示：

圖 2-2　全渠道零售

實體渠道的類型包括實體自營店、實體加盟店、電子貨架、異業聯盟等；電子商務渠道的類型包括自建官方 B2C 商城、進駐電子商務平臺如淘寶店、天貓店、拍拍店、QQ 商城店、京東店、蘇寧店、亞馬遜店等；移動商務渠道的類型包括自建官方手機商城、自建 APP 商城、微商城、進駐移動商務平臺如微淘店等。

四、全渠道零售特徵

全渠道零售具有三大特徵：全程、全面、全線。

1. 全程

一個消費者從接觸一個品牌到最後購買的全過程中，會有五個關鍵環節：搜尋、比較、下單、體驗、分享。企業必須在這些關鍵節點保持與消費者的全程、零距離接觸。

2. 全面

企業可以跟蹤和積累消費者的購物全過程的數據，在這個過程中與消費者及時互動，掌握消費者在購買過程中的決策變化，給消費者個性化建議，提升購物體驗。

3. 全線

渠道的發展經歷了單一渠道時代即單渠道、分散渠道時代即多渠道的發展階段，到達了渠道全線覆蓋即線上線下全渠道階段。這個全渠道覆蓋就包括了實體渠道、電子商務渠道、移動商務渠道的線上與線下的融合。

五、全渠道零售對商貿流通的影響

全渠道零售理念對商貿流通業帶來三大價值。

1. 全渠道零售是消費領域的革命

具體的表現是全渠道消費者的崛起，他們的生活主張和購物方式不同於以往，他們的消費主張是：我的消費我做主。具體的表現是他們在任何時候如早上、下午或晚間，任何地點如在地鐵站、在商業街、在家中、在辦公室，採用任何方式如電腦、電視、手機、iPad，都可以購買到他們想要的商品或服務。

2. 全渠道零售是企業或商家的革命

理念上從以前的"終端爲王"轉變爲"消費者爲王"，企業的定位、渠道建立、終端建設、服務流程、商品規劃、物流配送、生產採購、組織結構全部以消費者的需求和習慣爲核心。以渠道建設爲例，企業必須由以往的實體渠道向全渠道轉型，建立電子商務渠道和移動電子商務渠道，相應的流程建設，要建立行銷、營運、物流配送流程，建立經營電商和移商渠道的團隊，儲備適應於全渠道系統的人才。

3. 全渠道零售拓展商家銷售與行銷範疇

除實體商圈之外的線上虛擬商圈，讓企業或商家的商品、服務可以跨地域延伸，甚至開拓國際市場，也可以不受時間的限制 24 小時進行交易。實體渠道、電商渠道、移商渠道的整合不僅給企業打開千萬條全新的銷路，同時能將企業的資源進行深度優化，讓原有的渠道資源不必再投入成本而能承擔新的功能。如給實體店增加配送點的功能。又如通過線上線下會員管理體系的一體化，讓會員只使用一個 ID 號就可以在所有的渠道內通行，享受積分累計、增值優惠、打折促銷、售後等服務。

六、全渠道零售管理系統

全渠道零售商務平臺軟件是圍繞線上線下一體化打造的全渠道零售平臺軟件，集移動應用、社交網路信息技術於一體,可跨平臺、跨數據庫靈活部署,能有效解決時尚品牌企業多品牌運營、統一庫存共享、全方位訂單中心、線上線下結算、全網會員體系等各業務維度的整合應用問題,成就企業智慧零售,爲企業的轉型創新提供保障,同時提升消費者和客戶體驗,爲企業創造更高價值。

1. 全渠道零售管理系統業務結構

全渠道零售管理系統業務結構如圖2-3所示:

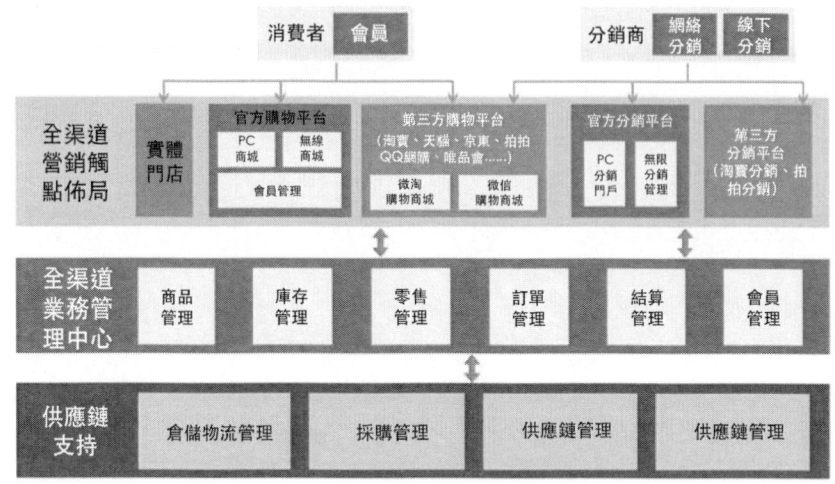

圖2-3　全渠道零售管理系統業務結構

2. 全渠道零售管理系統功能模塊

全渠道零售管理系統功能模塊如圖2-4所示:

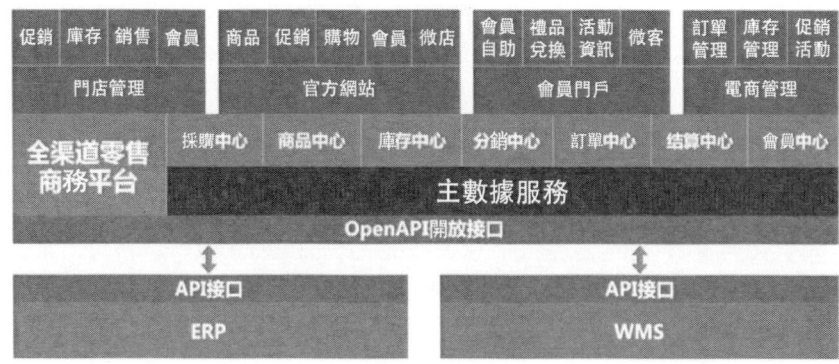

圖2-4　全渠道零售管理系統功能模塊

3. 全渠道零售管理系統架構

全渠道零售管理系統架構如圖 2-5 所示：

圖 2-5　全渠道零售管理系統架構

思考題

1. 什麼是零售業態？
2. 傳統零售業態為什麼必須向全渠道零售業態轉型升級？
3. 什麼是網路零售業態？
4. 網路零售業態包含哪些類型？各自有什麼商業模式？
5. 什麼是全渠道零售？
6. 全渠道零售管理系統主要功能模塊有哪些？

第三章　網路零售平臺

學習目的和要求

　　本章主要闡述網路零售平臺的內涵、分類、功能，中國網路零售產業的發展歷程，中國網路零售產業在全世界所處的地位，中國網路零售產業發展的原因，中國主要的網路零售平臺、商業模式、經營規模。通過本章學習，應達到以下目的和要求：
　　（1）認識並掌握網路零售平臺內涵、分類及其主要功能。
　　（2）學習並瞭解中國網路零售產業的發展歷程、行業地位、發展原因。
　　（3）學習並掌握中國主要的網路零售平臺及其商業模式。

本章主要概念

　　網路零售平臺　電子商務網站　網路零售開放平臺　網路零售垂直平臺　網路零售獨立商城　IP 流量　GMV　PV　轉化率

第一節　網路零售平臺概述

　　網路零售平臺是指一個為企業或個人提供網上交易洽談的平臺。企業電子商務平臺是建立在 Internet 網上，進行商務活動的虛擬網路空間和保障商務順利運營的管理環境是協調、整合信息流、物質流、資金流使其有序、關聯、高效流動的重要場所。企業、商家可充分利用電子商務平臺提供的網路基礎設施、支付平臺、安全平臺、管理平臺等，共享資源，有效地、低成本地開展自己的商業活動。

一、網路零售平臺的作用

　　1. 電子商務平臺是一個為企業或個人提供網上交易服務的中介

　　電子商務建設的最終目的是發展業務和應用。一方面網上商家以一種無序的方式發展，會造成重複建設和資源浪費，電子商務平臺可以幫助中小企業甚至個人，自主創業，獨立經營一個互聯網商城，達到快速盈利的目的，而且只需要很低的成本就可以實現這一願望；另一方面商家業務發展比較低級，很多業務僅以瀏覽為主，需通過網外的方式完成資金流和物流的流動，不能充分利用 Internet 無時空限制的優勢，因此，有必要建立一個業務發展框架系統，規範網上業務的開展，提供完善的網路資源、安全保障、安全的網上支付和有效的管理機制，有效地實現資源共享，從而實現真正的電子商務。

2. 爲企業或個人網上交易提供基於互聯網的公共服務

企業電子商務平臺的建設，可以建立起電子商務服務的門户站點，是現實社會到網路社會的真正體現，爲廣大網上商家以及網路客户提供一個符合中國國情的電子商務網上生存環境和商業運作空間。企業電子商務平臺的建設，不僅僅是初級網上購物的實現，它能夠有效地在 Internet 上構架安全的和易於擴展的業務框架體系，實現 B2B、B2C、C2C、O2O、B2M、M2C、B2A（即 B2G）、C2A（即 C2G）、ABC 模式等應用環境，推動電子商務在中國的發展。電子商務平臺可以幫助同行業中已經擁有電子商務平臺的用户，提供更專業的電子商務平臺解決方案。發展電子商務，不是一兩家公司就能夠推動的，需要更多專業人士共同參與和奮鬥，共同發展。

二、網路零售平臺的特點

1. 更廣闊的環境

人們不受時間的限制，不受空間的限制，不受傳統購物的諸多限制，可以隨時隨地在網上交易。通過跨越時間、空間，使我們在特定的時間里能夠接觸到更多的客户，爲我們提供了更廣闊的發展環境。

2. 更廣闊的市場

在網上，這個世界將會變得很小，一個商家可以面對全球的消費者，而一個消費者可以在全球的任何一個商家購物。一個商家可以去挑戰不同地區、不同類別的客户群，在網上能夠收集到豐富的買家信息，進行數據分析。

3. 更快速的流通和低廉的價格

電子商務減少了商品流通的中間環節，節省了大量的開支，從而也大大降低了商品流通和交易的成本。通過電子商務，企業能夠更快地匹配買家，實現真正的產供銷一體化，能夠節約資源，減少不必要的生產浪費。

4. 更好的技術支撑

網路零售平臺爲企業或個人提供的及時響應、安全支付、物流追蹤、數據安全等技術支撑，以及搜索、店鋪優化、流量導入、支付工具、數據分析、數據存儲、物流資源整合、促銷活動、信用評價等系統服務，有效地降低了企業或個人從事網路零售業務的技術門檻和成本，提高了社會的資源配置效率。

三、網路零售平臺的主要功能

網路零售平臺可提供網上交易和管理等全過程的服務，因此它具有廣告宣傳、在線展會、虛擬展會、諮詢洽談、網上訂購、網上支付、電子帳户、服務傳遞、意見徵詢、交易管理等各項功能。

1. 廣告宣傳

網路零售可憑借企業的 Web 服務器和客户的瀏覽，在 Internet 上發播各類商業信息。客户可借助網上的檢索工具（Search）迅速地找到所需商品信息，而商家可利用網上主頁（Home Page）和電子郵件（E-mail）在全球範圍内進行廣告宣傳。與以往的各類廣告相比，網上的廣告成本最爲低廉，而給顧客的信息量却最爲豐富。

2. 諮詢洽談

網路零售可借助非實時的電子郵件（E-mail）、新聞組（NewsGroup）和實時的討論組（Chat）來瞭解市場和商品信息、洽談交易事務，如有進一步的需求，還可用網上的白板會議（Whiteboard Conference）來交流即時的圖形信息。網上的諮詢和洽談能超越人們面對面洽談的限制，提供多種方便的異地交談形式。

3. 網上訂購

網路零售可借助 Web 中的郵件交互傳送實現網上的訂購。網上的訂購通常都是在產品介紹的頁面上提供十分全面的訂購提示信息和訂購交互格式框。當客户填完訂購單後，通常系統會回復確認信息單來保證訂購信息的收悉。訂購信息也可採用加密的方式使客户和商家的商業信息不會被泄漏。

4. 網上支付

網路零售要成爲一個完整的過程，網上支付是重要的環節，客户和商家之間可採用信用卡帳號進行支付，在網上直接採用電子支付手段可省去交易中很多人員的開銷。網上支付需要更爲可靠的信息傳輸安全性控制以防止欺騙、竊聽、冒用等非法行爲。

5. 電子帳户

網上的支付必須有電子金融來支持，即銀行或信用卡公司、保險公司等金融單位要爲金融服務提供網上操作的服務，而電子帳户管理是其基本的組成部分。

6. 服務傳遞

對於已付了款的客户，應將其訂購的貨物盡快地傳遞到他們的手中，而有些貨物在本地，有些貨物在異地，電子郵件能在網路中進行物流的調配，因而最適合在網上直接傳遞的貨物是服務和信息類產品。

四、網路零售平臺的主要類型

1. B2C 平臺

B2C（Business to Customer），中文簡稱爲"商對客"，是電子商務的一種模式，也就是通常説的直接面向消費者銷售產品和服務的商業零售模式。這種形式的電子商務一般以網路零售業爲主，主要借助於互聯網開展在線銷售活動。B2C 即企業通過互聯網爲消費者提供一個新型的購物環境——網上商店，消費者通過網路在網上購物、進行網上支付等。B2C 平臺仍然是很多企業進行網上銷售的第一選擇。

2. 獨立網上商城

獨立網上商城是指憑藉商城系統打造含有頂級域名的獨立網店。獨立網上商城是通過網店系統、商城系統等網上購物系統構建成的商城，是區別於其他多用戶商城性質的商城。獨立網上商城就像現實生活中的大型商場一樣，擁有自己獨立的店標、品牌、獨立的企業形象。開獨立網上商城的好處是：頂級域名、自有品牌、企業形象、節約成本、自主管理、不受約束。

3. C2C 平臺

C2C（Consumer to Consumer）平臺是指採用了 C2C 經營模式的網站，譯爲顧客對顧客，指直接爲客戶間提供電子商務活動平臺的網站，是現代電子商務的一種。C2C 網站就是爲買賣雙方交易提供的互聯網平臺，賣家可以在網站上登出其想出售商品的信息，買家可以從中選擇併購買自己需要的物品。例如拍賣網站就屬此類，最著名的是 eBay 網站。另外，一些二手貨交易網站也屬於此類。

4. CPS 平臺

CPS（Cost Per Sales，即按銷售付費）聯盟比"供應商代發貨"模式更進一步，CPS 聯盟實際上就是一種廣告，以實際銷售產品數量來計算廣告費用，是最直接的效果行銷廣告。CPS 廣告聯盟就是按照這種計費方式，把廣告主的廣告投放到衆多網站上。

CPS 模式成爲主流推廣模式的很大原因就是零風險。投廣告時，很有可能花了大價錢而轉化率卻很低，競價、直通車可能沒有產生訂單，但是 CPS 是產生了銷售額才會有佣金，ROI（Return on Investment）轉化率較高。

5. O2O 平臺

O2O（Online to Offline）電子商務即線上網店線下消費，是指商家通過免費開網店將商家信息、商品信息等展現給消費者，消費者在線上篩選服務，並完成支付，線下進行消費驗證和消費體驗。O2O 平臺由於其高性價比，受到很多用戶青睞。

6. 銀行網上商城

傳統銀行開設網上商城的目的是讓使用信用卡的用戶分期付款。隨著電子商務普及、用戶需求增強、技術手段提升，銀行網上商城也逐步成熟起來。銀行網店爲用戶提供了全方位服務，包括積分換購、分期付款等，也覆蓋支付、融資、擔保等業務，最爲顯著的是給很多商家提供了展示、銷售產品的平臺和機會。

7. 運營商平臺

通訊運營商如中國移動、中國聯通、中國電信，現階段都有屬於自己的商城平臺。由於通信業務的硬性需求，運營商平臺的用戶始終具有一定的依賴性和粘性，所以提前搶占這些平臺具有很大的戰略意義，可搶占網路零售市場。

8. 第三方電子商務

B2T2B（Business to Third Party to Business），是指中小企業依賴第三方提供的公共平臺（如阿里巴巴、環球資源、Directindustry 平臺）來開展電子商務。真正的電子商務應該是專業化、具有很強的服務功能、具有"公用性"和"公平性"的第三方服務平臺，信息流、資金流、物流三個核心流程能夠很好地運轉。平臺的目標是爲企業搭建一個高效的信息交流平臺，創建一個良好的商業信用環境。

第二節　網路零售產業發展

一、中國網路零售產業現狀

（一）中國網路零售產業總體規模

1. 2011 年網路零售占中國社會零售總額比重近 5%

國家統計局發布資料顯示，2011 年全年中國社會消費品零售總額 181 226 億元，同比增長 17.1%。據艾瑞諮詢 2012 年 1 月發布的最新統計數據顯示，2011 年中國網路購物市場交易規模接近 8 000 億元，達 7 735.6 億元，較 2010 年增長 67.8%。2010 年中國網路購物市場交易規模占社會消費品零售總額的比重從 2010 年的 2.9%增至 2011 年的 4.3%。上海、北京等一線城市已達到 5%以上，2012 年這一比重在全國範圍內達到 6.3%。截至 2011 年 12 月底，我國網購者規模達到 1.94 億人，在網民中的滲透率爲 37.8%。與 2010 年相比，網購用戶增長 3 344 萬人，增長率爲 20.8%，網上購物已成爲互聯網最主要應用之一。如圖 3-1 所示。

2. 2010 年中國網路零售市場交易規模約占全球 1/7

2010 年全球網路購物交易規模達 5 725 億美元，同比增長 19.4%；在 2010 年全球整體網路購物交易規模中，歐洲（34%）、美國（29%）和亞洲（27%）占比總和達 90%，呈現三足鼎立格局，中國約占有全球市場的 1/7。

3. 2015 年中國成爲全球最大的網路零售市場

美國《商業周刊》（BusinessWeek）在 2011 年 11 月發表的研究報告認爲，2015 年中國網路零售市場交易額將突破 2 萬億元人民幣，超過美國成爲全球最大的網路零售市場。

圖 3-1　2006—2015 年中國網路零售市場總體規模

(二) 網貨品類分布

在 2011 年中國網路零售市場中，"服裝、鞋帽、箱包類" 網貨品類占比居首，市場份額為 26.5%；排名其次的是 "3C 及家電類"，占比為 24.2%。與 2010 年相比，服裝、鞋帽、箱包類份額上升 3.7 個百分點，3C 及家電類份額上升 7.5 個百分點，各品類中 3C 及家電類增速顯著。如圖 3-2 所示。以圖書音像和數碼家電為代表的品類由於其標準化程度高容易引發價格戰，競爭尤為激烈。服裝、鞋帽和箱包類等產品標準化程度低，在季節變換和節假日促銷的影響下，用戶的顯性需求與隱形需求將被有效激發，未來網路零售市場發展空間依然巨大。化妝品、食品、醫藥和家裝等品類將迎來快速增長期。

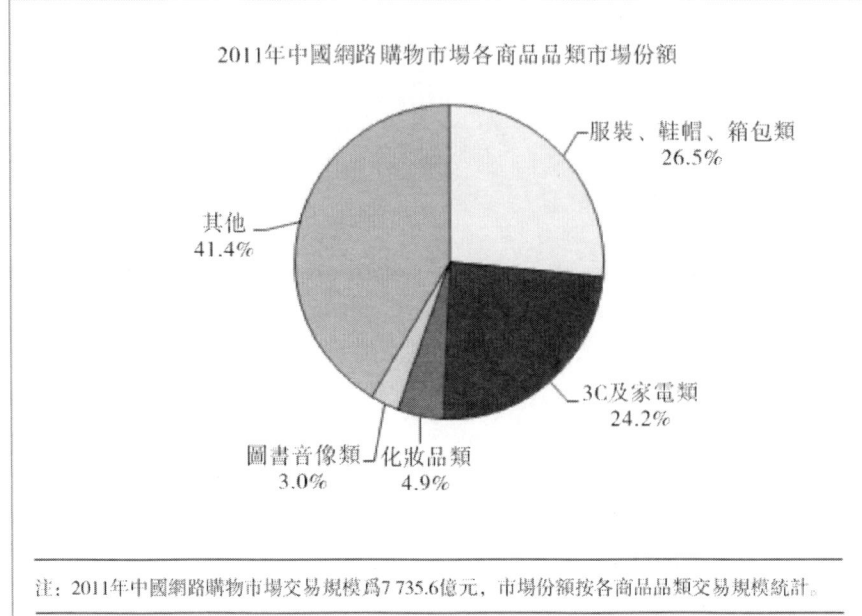

圖 3-2　2011 年中國網路零售市場商品品類分布

(三) 網路零售產業市場結構

C2C 市場格局穩定，B2C 市場競爭愈加激烈。淘寶網占 C2C 市場份額九成以上，拍拍網約占 9.0%，C2C 市場格局整體穩定。在 B2C 市場上，淘寶商城憑藉自身平臺優勢和"雙十一""雙十二"等節日取得快速發展，全年在含平臺式 B2C 市場中占比過半，達 53.5%；京東商城在以自主銷售為主 B2C 市場保持領先優勢，2011 年的交易額突破 300 億元，占比 36.8%，如圖 3-3 所示。

第三章　網路零售平臺

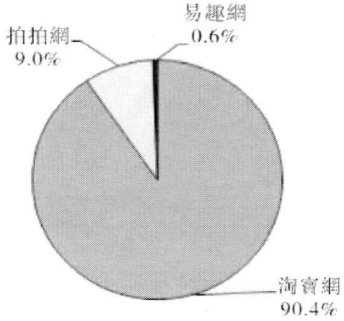

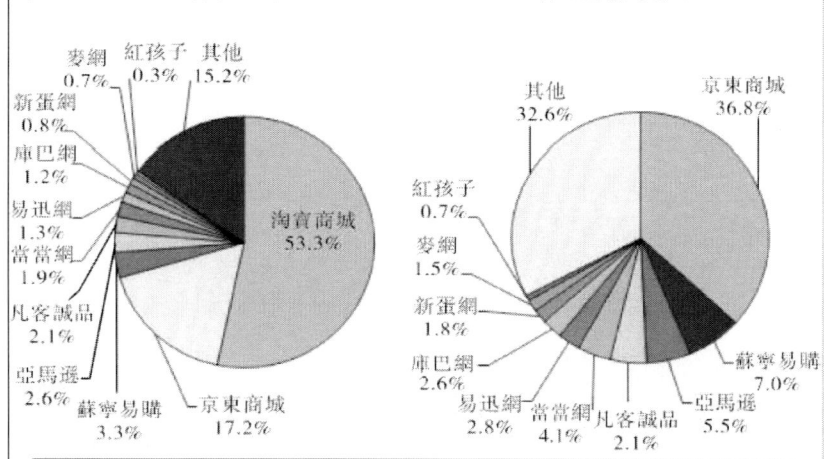

圖 3-3　2011 年中國 C2C 和 B2C 市場份額

(四) 網購人群規模

2011 年中國網路購物用戶規模達 1.87 億人,較 2010 年增加 3 900 萬人,占中國 PC 網民的 41.6%。如圖 3-4 所示:

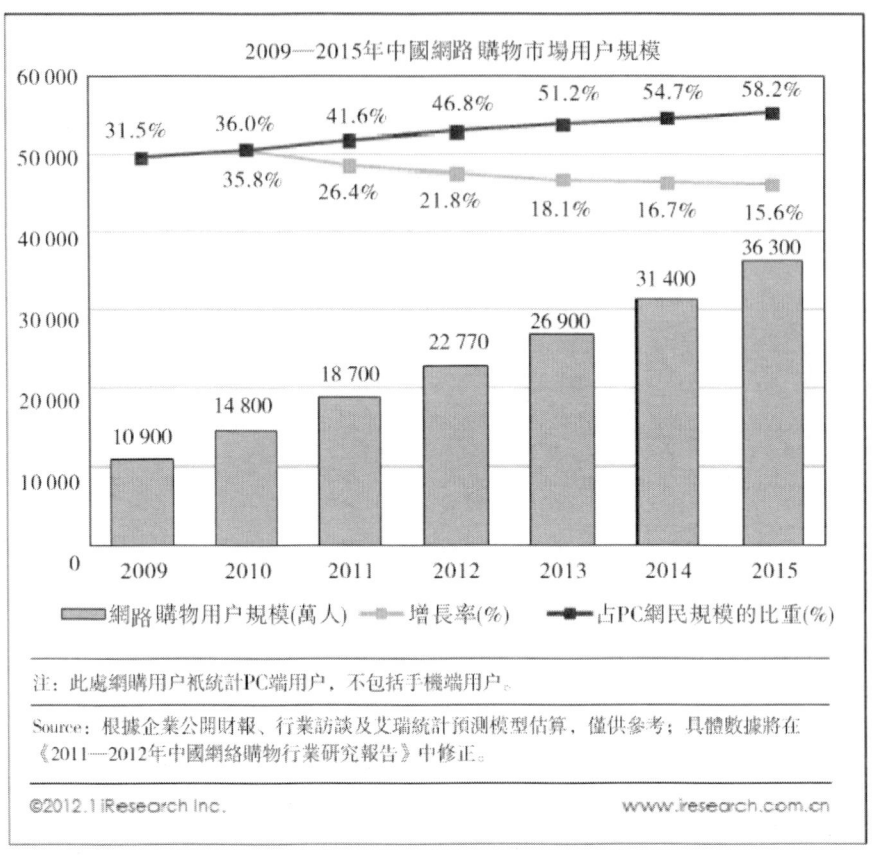

圖 3-4　2009—2015 年中國網購者規模

二、網路零售產業增長原因解析

艾瑞諮詢分析認為,推動中國網路零售市場交易規模增長的主要因素有兩個方面:

(一) 供給層面

1. 服務不斷完善

網路零售運營商不斷完善產業鏈,加大倉儲、物流、支付等體系建設。品牌商、渠道商及其他互聯網巨頭在 2011 年紛紛加大在電子商務行業的投資、行銷等力度,極大地提高了網路零售商品和服務的質量,豐富了網購者的選擇,並推動了網路零售市場向規範化方向發展。

2. 有效降低網購門檻

快捷登錄、快捷支付等方式的出現降低了消費者網路購物的操作門檻,不斷加大網路購物應用在網民中的滲透。

(二) 需求層面

1. 網民與網購者人數規模增長迅速

中國網民規模平穩增長。CNNIC 公布的數據顯示，2011 年 6 月，中國網民規模達 4.85 億人，2011 年年底中國網民規模突破 5 億人，較 2010 年年底的 4.57 億人增長 10.5%。如圖 3-5、圖 3-6 所示。持續增加的網民數量成為網購人群增長的重要基礎，同時，網購也成為消費者變為網民的一個推動力和目標。

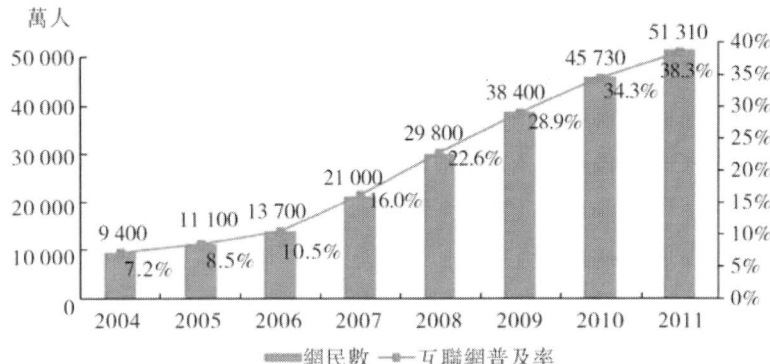

圖 3-5　中國網民規模與普及率

資料來源：CNNIC《中國互聯網路發展狀況統計報告》（2012 年 1 月）

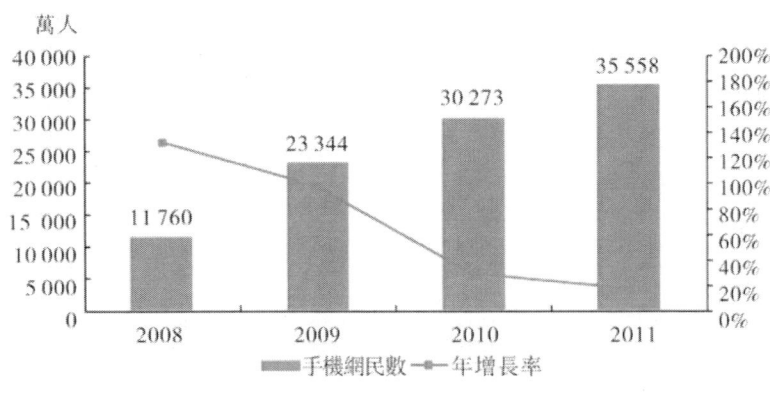

圖 3-6　手機上網網民規模

資料來源：CNNIC《中國互聯網路發展狀況統計報告》（2012 年 1 月）

2. 網購信任感依賴性增強

中國各部委共同推進網路零售中的消費者權益保障，不斷降低消費者網路購物心理門檻。用戶對網上購物依賴程度和信任程度進一步加深，人均網購消費支出持續增加。如表 3-1、圖 3-7、圖 3-8 所示。

表 3-1　　　　　　　　　2010—2011 年各類網路應用使用率

應用	2011 年 用戶規模(萬)	2011 年 使用率	2010 年 用戶規模(萬)	2010 年 使用率	年增長率
即時通信	41 510	80.9%	35 258	77.1%	17.7%
搜索引擎	40 740	79.4%	37 453	81.9%	8.8%
網路音樂	38 585	75.2%	36 218	79.2%	6.5%
網路新聞	36 687	71.5%	35 304	77.2%	3.9%
網路視頻	32 531	63.4%	28 398	62.1%	14.6%
網路遊戲	32 428	63.2%	30 410	66.5%	6.6%
博客/個人空間	31 864	62.1%	29 450	64.4%	8.2%
微博	24 988	48.7%	6 311	13.8%	296.0%
電子郵件	24 577	47.9%	24 969	54.6%	-1.6%
社交網站	24 424	47.6%	23 505	51.4%	3.9%
網路文學	20 267	39.5%	19 481	42.6%	4.0%
網路購物	19 395	37.8%	16 051	35.1%	20.8%
網上支付	16 676	32.5%	13 719	30.0%	21.6%
網上銀行	16 624	32.4%	13 948	30.5%	19.2%
論壇/BBS	14 469	28.2%	14 817	32.4%	-2.3%
團購	6 465	12.6%	1 875	4.1%	244.8%
旅行預訂	4 207	8.2%	3 613	7.9%	16.5%
網路炒股	4 002	7.8%	7 088	15.5%	-43.5%

資料來源：CNNIC《中國互聯網路發展狀況統計報告》(2012 年 1 月)

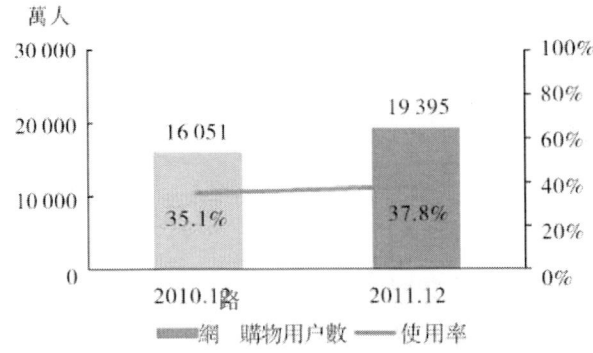

圖 3-7　2010—2011 年網路購物用戶數及使用率

資料來源：CNNIC《中國互聯網路發展狀況統計報告》(2012 年 1 月)

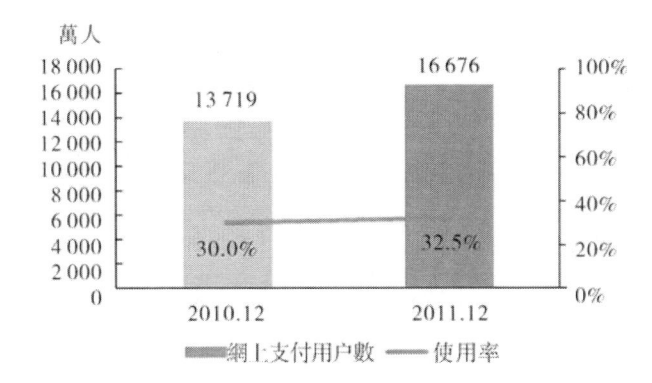

圖 3-8　2010—2011 年網上支付用戶數及使用率
資料來源：CNNIC《中國互聯網路發展狀況統計報告》（2012 年 1 月）

第三節　中國主要網路零售平臺

一、中國主要網路零售平臺（站）

（一）淘寶網（www.taobao.com）

　　1. 淘寶網簡介

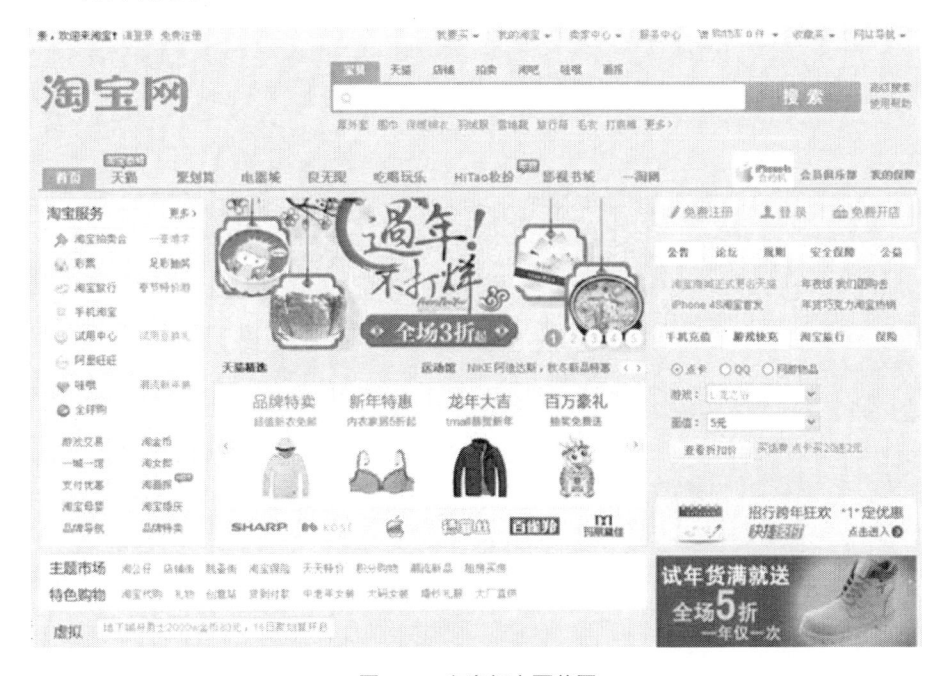

圖 3-9　淘寶網主頁截圖

淘寶網於 2003 年 5 月 10 日由阿里巴巴集團投資創立，除了服務外，淘寶網本身並不銷售任何商品，而是連接買賣雙方的網路交易平臺。其主頁如圖 3-9 所示。在發展過程中，淘寶網連續攻克了制約網路零售產業發展，變網路遠程交易可能為現實的支付、物流與信用"三座大山"。2004 年 12 月支付寶橫空出世，並與眾多網上銀行合作形成戰略聯盟。第三方物流加盟並出臺信用評級標準，淘寶網母體單一域名（www.taobao.com）中演化出了天貓（www.tmall.com）、支付寶（www.alipay.com）、一淘網（www.etao.com）、阿里物流（域名未定）、阿里巴巴銀行（www.alibank.com），形成集網路零售交易平臺（包括 B2C 和 C2C）、第三方支付、購物搜索引擎、物流倉儲、網路金融於一身的"2+4"網路零售產業鏈格局。隨著 2010 年"大淘寶"戰略中的"開放與輸出"戰略啟動，淘寶網開始突破從屬於零售業的傳統行業歸屬樊籬，全面向物流業、金融業、創意產業、社會公共事業等複合型行業邁進。

截至 2010 年年底，淘寶網註冊用戶已達 3.7 億人，支付寶註冊用戶高達 5.2 億人，覆蓋中國絕大部分網購人群。2009 年，淘寶網全年交易額達到 2 083 億元人民幣，2010 年達到 4 000 億元人民幣，2011 年超過 6 000 億元人民幣。2011 年淘寶服務市場業務交易額達到 50 億元人民幣，手機淘寶業務全年交易額超過 100 億元人民幣，聚划算業務全年交易額突破 100 億人民幣。截至 2010 年 12 月，支付寶註冊用戶突破 5.5 億人，日交易額超過 25 億元人民幣，日交易筆數達到 850 萬筆，並具備日數據處理能力超過 3 000 萬筆的技術冗餘。

淘寶網從創立之初的數千種商品門類發展到今天，交易客體在滿足"合法"與"道德"底線的前提下肆意擴張……交易商品門類包括汽車、房產等大額耐用商品，黃金、鑽石、珠寶等奢侈品，服飾、家居用品、食品等生活必需品，生鮮農活產品和冷鏈食品，以及網店運營培訓、託管、裝修、攝影、網貨質檢等服務，還包括網路遊戲裝備交易區、虛擬貨幣交易區、水、電、氣、房租、物管費、彩票等。據統計，2011 年，在淘寶網上交易的網貨已達 100 餘個大品類，1 000 餘個亞品類，10 000 種小類，100 000 種商品，1 000 000 種型號、款式、顏色，10 000 000 種線上與線下服務型產品與創意產品。2010 年，淘寶網宣布實施"大淘寶"戰略，開放 B2C 平臺，對所有零售形態全面開放：一方面，引入超過 7 萬個品牌和 5 萬個商家進駐淘寶商城，包括優衣庫、聯想、戴爾、李寧、Gap、雷朋、寶潔、科勒、杰克瓊斯、曲美家居等傳統品牌。另一方面，引入垂直網站，如凡客網、百麗網、一號店網、庫巴網、銀泰網、麥考林網、易訊網、樂淘網、新蛋網、好樂買網、紅孩子網、走秀網、唯品會網等，先期進駐淘寶商城，這使得淘寶網從網路零售購物平臺演變成為網路零售購物消費的門戶型網站，其所涵蓋的商品數量不能簡單地以億為單位計量了，已躍升至數十億級的網貨門類。

截至 2009 年年底，已經有超過 80 萬人通過在淘寶開店實現了就業（國內第三方機構 IDC 統計），帶動的物流、支付、行銷等領域間接就業機會達到 228 萬個（國際第三方機構 IDC 統計）。目前，全國每天三分之一的宅送快遞業務都是因淘寶網交易而產生。大淘寶的出現將為整個網路購物市場打造一個透明、誠信、公正、公開的交易平臺，進而影響人們的購物消費習慣，推動線下市場以及生產流通環節的透明、誠信、從而衍生出一個"開放、透明、分享、責任"的新商業文明。

淘寶網已成爲亞洲最大的網路零售商圈。

2. 年營業額

2011 年淘寶網年營業額約爲 6 000 億元人民幣。

3. 排名

購物交易排名第一，中國網站排名第十三位。

4. 收錄情況

百度收錄 39 500 條，Google 收錄 120 000 000 條。

5. 網頁平均瀏覽量

日均 IP 訪問量爲 24 660 000 次，日均 PV 瀏覽量爲 462 375 000 次。如圖 3-10 所示：

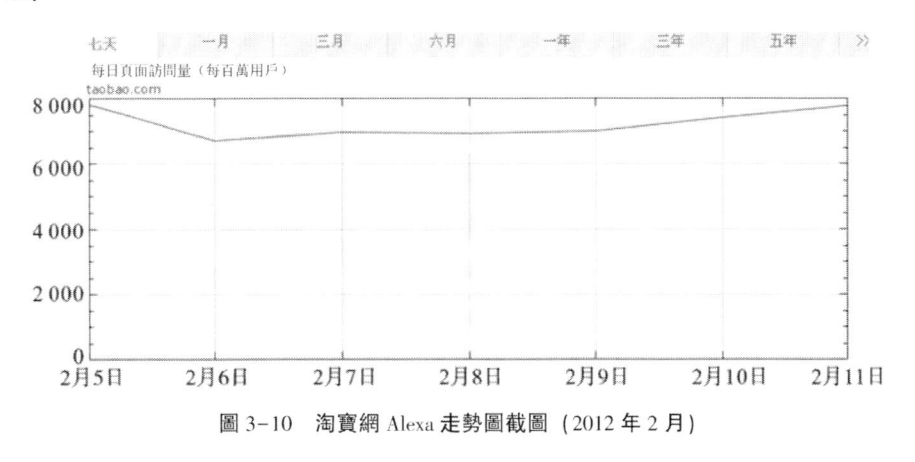

圖 3-10 淘寶網 Alexa 走勢圖截圖（2012 年 2 月）

6. 其他

用戶覆蓋率約 28.5%，平均在線時間 1 100 分，平均頁面瀏覽數爲 16 頁。

7. 主要行銷特色

(1) 網路零售產業執着行銷

阿里巴巴集團 CEO、淘寶網創始人馬雲指出："今天很殘酷，明天更殘酷，後天很美好，但是絕大多數人死在明天晚上，見不着後天的太陽。""最大的失敗是放棄，最大的敵人是自己，最大的對手是時間。"可見執着地堅持基於網路的流通是未來社會生產、交換、流通、消費發展的必然趨勢，也是未來市場行銷發展的必然趨勢，傳統有店鋪行銷轉向網路零售行銷是行銷科學發展的必然方向，有着其特殊性規律，要不斷地探索和把握其特殊性規律。

(2) B2B2C2C 全網路零售產業鏈平臺行銷

只有堅持面向終端的零售才能確保在供應鏈上的所有價值的最終實現，果斷地從面向供應鏈向零售轉型是阿里巴巴公司成功的起點，將原本分離的 B2B、B2C、C2C 全程鏈接打通，形成 B2B2C2C 全網路零售產業鏈平臺，主要由 C2C 和 B2C 雙輪驅動連接買賣雙方，其本身是不採購、儲存、銷售除服務之外的任何商品的網路交易平臺。

（3）攻克"三座大山"，變網路零售可能爲現實行銷

攻克和突破制約網路零售產業發展的支付、物流與信用"三座大山"，變網路零售遠程交易可能爲現實，從機制、技術、手段、方法、技巧等方面爲網貨向貨幣轉化的網路零售行銷創造條件。

①在線支付擔保服務行銷

支付寶的推出，解決了買家先付錢而得不到所購買的產品或得到的是與賣家在網上的聲明不一致的劣質產品的擔憂；同時也解決了賣家先發貨而得不到錢的擔憂。支付寶運作的實質是以支付寶爲信用中介，在買家確認收到商品前，由支付寶替買賣雙方暫時保管貨款的一種增值服務。2009年7月6日，支付寶宣布其註冊會員數量突破2億人，覆蓋了中國絕大部分網購人群。可以說，支付寶的誕生不僅僅是淘寶的一個里程碑，也是中國電子商務的里程碑。目前，淘寶網的支付寶已經同工商銀行、建設銀行、農業銀行、招商銀行和交通銀行等聯手，並且和VISA戰略結盟，將這種安全支付手段推向全球。

②第三方物流服務行銷

除無形網貨（有些須出具票據的無形網貨除外）無需物流外，有形網貨交易均需物流完成送達。在淘寶網形成的網路零售產業鏈生態中，第三方物流起著非常重要的作用。圍繞淘寶網，眾多第三方物流企業與眾多賣買雙方共生共榮。

2010年，淘寶網宣布在北京、上海、廣州、深圳、成都的"淘寶大倉"投入運營，2011年還與第三方物流合作在全國20多個省市建立物流配送中心。在淘寶與第三方物流企業的合作中，物流企業負責提供線下的倉庫和人工（是物流企業已有的資源），淘寶負責提供訂單，制定統一的配送標準，並將線上的賣家訂單信息與物流企業對接。

③信用體系建設行銷

一是淘寶網的實名認證。登錄淘寶網，在"我的淘寶"點擊"實名認證"，進入認證申請頁面，會出現選擇框"免費個人認證"和"免費商家認證"。填寫所需資料，並提供在有效期內的證件和固定電話登記。淘寶與公安部下屬身份證查詢中心合作，將認證資料移交國家有關部門進行核對認證，並進行固定電話審核。驗證結果以站內信件、電子郵件或者電話等形式告知。一旦淘寶發現用戶註冊資料中主要內容是虛假的，淘寶可以隨時終止與該用戶的服務協議。

二是利用網路信息共享優勢，建立公開透明的信用評價系統。淘寶網的信用評價系統的基本原則是：成功交易一筆買賣，雙方對對方做一次信用評價。評價分爲"好評""中評""差評"三類，"好評"加一分，"中評"不加分，"差評"扣一分。淘寶的聲譽系統還分別統計了用戶作爲買家和賣家的好評率，使消費者一目了然，並將用戶的信用度形象劃分了15個等級，從最低級的1顆紅心到最高級的5顆皇冠。

（4）免費開店行銷

免費是短時間聚集人氣的關鍵。特別是在中國有易趣在前，淘寶網要想迎頭趕上，別無他法。同時，網上開店已經成爲一種新的創業模式，用免費的方式可以讓更多網民樂於嘗試。淘寶網從2003年7月成功推出之時，就以3年"免費"牌迅速打開中國

C2C 市場，並在短短 3 年時間內，打下了半壁江山，取代 eBay 易趣坐上了中國 C2C 老大的交椅。2005 年 10 月 19 日，阿里巴巴宣布"淘寶網將再繼續免費 3 年"，這樣做是為了保證淘寶網龍頭老大的地位而實行的戰略。2008 年 10 月 8 日，淘寶在新聞發布會上宣布繼續免費。堅持"免費行銷"這一網路零售時代行銷的第一法則，始終高舉"免費註冊""免費開店"以切入、啟動網路零售市場，並最大化買賣雙方兩個客戶群體數量，最終通過交易資金沉澱、增值服務、網路零售廣告、戰略聯盟等贏利，突破和顛覆了傳統零售商業企業的"進銷差價"贏利模式，為網路零售行銷的網路零售交易平臺贏利模式提供了全新的思路和案例。

(5) 交易平臺服務"1+N=∞"行銷

由於淘寶網本身是不採購、存儲、銷售除服務之外的任何商品的網路交易平臺，平臺為各類網商行銷創造基礎性條件，各類網商利用平臺自主開展行銷決策，變網路零售垂直網站行銷的集中決策為分散決策，實現了網路交易平臺與各類網商兩個行銷主體在行銷職能上的分工、合作與互補整合，充分發揮了各級各類網商的主動性、能動性、積極性和創造性，並把網路零售整合行銷發揮到了極致，極大地推動了網路零售行銷的實踐和創新，並推動了網路零售行銷科學的發展，實現了網路零售行銷的"1+N=∞"。

(6) 不斷創新

淘寶網不斷創新網路零售交易平臺行銷新渠道、新模式、新手段、新技術、新技巧，以"聚劃算"為代表的網路團購模式、以"手機淘寶"為代表的手機網購，以"支付寶"手機客戶端為代表的移動支付、以"淘日本"為代表的跨國網購、以"淘寶服務平臺"為代表的網路服務交易以及以"淘寶客"和"淘寶天下"等為代表的 SNS，為各級各類網商的行銷提供了幾乎無限的可能和機會。

(7) 大淘寶戰略

2010 年啟動的"大淘寶戰略"秉持"開放"與"輸出"態度，向網路零售購物消費的門戶型網站演進，為社會各級各類組織、企業、商業與社會團體、個人等開展網路行銷提供了平臺、工具和技術支持。

(8) 商務交易談判即時通信工具行銷

阿里旺旺，一種供網上註冊的用戶之間通信的即時通信軟件，是淘寶網官方推薦的溝通工具。阿里旺旺（淘寶版）主要分為 2 個版本：賣家版、買家版。淘寶網同時支持用戶以網站聊天室的形式通信，淘寶網交易認可淘寶旺旺交易聊天內容保存為電子證據。作為淘寶主要的即時通信工具，阿里旺旺在淘寶網用戶的線上交流和交易過程中發揮着越來越大的作用。

(9) 跨渠道整合行銷

2009 年 12 月，淘寶和湖南衛視合作組建"快樂淘寶"公司，聯手拓展電視網購新市場，不僅於 2010 年 4 月在湖南衛視推出"快樂淘寶"節目，還在淘寶網上開闢"快樂淘寶"子頻道專區和外部獨立網站，創建電子商務結合電視傳媒的全新商業模式。

(10) 增值服務行銷

淘寶旺鋪是相對普通店鋪而言的，每個在淘寶新開的店都是系統默認產生的店鋪界面，就是常說的普通店鋪。而淘寶旺鋪（個性化店鋪）服務是由淘寶提供給淘寶賣家，允許賣家使用淘寶提供的計算機和網路技術，實現區別於淘寶一般店鋪展現形式的個性化店鋪頁面展現功能的服務。簡單來說，就是花錢向淘寶買一個有個性、全新的店鋪門面。淘寶旺鋪是淘寶提供的一種增值服務，如果需要使用，必須訂購，是要支付相關費用的。

(11) 網購客戶體驗行銷

① 網站界面設計。淘寶網一直堅持不斷地改進和創新，使得網站的畫面更加簡潔，讓訪問網站的人一目了然。位於主頁面右上角的導航系統簡單明晰，即使是新手也絕不會感到無所適從。網站上的每一項功能都有豐富而完備的輔助知識和提示，猶如一個隨身顧問。網站的布局和顏色搭配合理，給人舒適、輕鬆的感覺。網站上的商品分類井井有條，一覽無餘，圖字清晰。所提供的搜索功能是目前國內 C2C 網站中最人性化的，其搜索引擎包括簡單搜索和高級搜索兩種，使消費者可以從各個角度對商品及賣家等進行搜索。

② 客服中心。淘寶網的"客服中心"是其加強與用戶互動的有力舉措。一旦用戶有什麼不明白的問題，就可以到"客服中心"頁面下尋求解決，客服中心包括幫助中心、淘友互助吧、淘寶大學和買/賣安全四大版塊。淘寶網利用客服中心來對用戶進行培植和引導，贏得了用戶的積極響應。

③ 虛擬社區。淘寶的虛擬社區的成功建立，促進了消費者的信任。它是淘寶與用戶以及用戶與用戶之間進行交流的工具。虛擬社區下設有建議廳、詢問處、支付寶學堂、淘寶里的故事、經驗暢談居等版塊。虛擬社區受到了廣大用戶的高度評價，營造了良好的誠信氛圍。

8. 淘寶網行銷思考要點

(1) 阿里巴巴為什麼要從 B2B 轉戰 C2C？

(2) 淘寶網 C2C 為什麼要向天貓（淘寶商城）B2C 發展，並實現"兩輪驅動"？

(3) 淘寶網變網路零售購物可能為現實的發展過程中先後遇到了哪些瓶頸？他們為什麼必須突破"支付""物流""信用"三大障礙？是怎麼突破的？

(4) 為什麼要創立支付寶？它在淘寶網發展狀大過程中發揮了什麼作用？網上支付在網路零售中的作用和意義是什麼？

(5) 淘寶網為什麼要創建即時通信工具阿里旺旺？它在交易中扮演了什麼重要角色？

(6) 淘寶網是如何確立與平衡網路交易平臺與網商的職能與分工的？網路零售平臺交易模式為什麼能充分調動各級各類網商的主動性、能動性、積極性和創造性，並把網路零售整合行銷發揮到了極致？

(7) 為什麼淘寶網將交易的客體作了下要"保底"，即不得違反"法律"和"道德底線"，上不"封頂"的界定，而不是將自己限制在某一類交易客體上，如某些垂直型購物網站？

(8) 淘寶網為什麼要"一分為多"，即從淘寶網拆分出支付寶、天貓（淘寶商城）、一淘網？未來還會有新的拆分嗎？

(9) 阿里巴巴爲什麽要將創建"阿里巴巴銀行"作爲集團的最高目標,並將其作爲創業多年修成的正果?網路信貸在網路零售行銷中起了什麽作用?扮演了什麽角色?

(10) 淘寶網爲什麽要向網路零售購物消費的門戶型網站發展?

(11) 淘寶網爲什麽要不遺餘力地跟蹤最新的技術進步和科技發展步伐,如以雲計算爲核心的"阿里雲""手機淘寶"、支付寶手機客戶端等?它與網路零售行銷有何關係?

(二) 京東商城(http://www.jd.com/)

1. 京東商城簡介

京東商城是中國 B2C 市場最大的 3C 網購專業平臺,是中國電子商務領域最受消費者歡迎和最具有影響力的電子商務網站之一。京東商城目前擁有遍及全國各地的 2 500 萬註册用戶,近 6 000 家供應商,在線銷售家電、數碼通信、電腦、家居百貨、服裝服飾、母嬰、圖書、食品等 11 大類數百萬種優質商品,日訂單處理量超過 30 萬單,網站日均 PV 超過 5 000 萬。2010 年,京東商城躍升爲中國首家規模超過百億元的網路零售企業,連續六年增長率均超過 200%,現占據中國網路零售市場份額 35.6%,連續 10 個季度蟬聯行業頭名。京東商城首頁截圖如圖 3-11 所示。

圖 3-11　京東商城首頁截圖

2. 年營業額

2010 年年營業額約 102 億元人民幣。

3. 排名

購物交易排名第九位,中國網站排名第一百九十八位。

4. 收錄情况

百度收錄 1 850 000 條,Google 收錄 297 000 條。

5. 其他

用戶覆蓋率約 2%,平均在線時間 530 分鐘,平均頁面瀏覽數 6.3 頁。

6. 網頁平均瀏覽量

日均 IP 訪問量為 5 880 000 次，日均 PV 瀏覽量為 73 206 000 次，見圖 3-12：

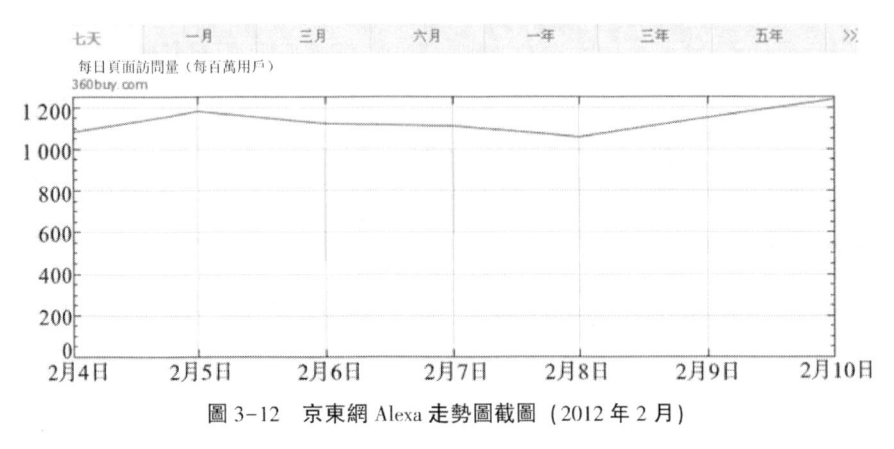

圖 3-12　京東網 Alexa 走勢圖截圖（2012 年 2 月）

7. 行銷點評

(1) 品類行銷

相較於同類電子商務網站，京東商城擁有更為豐富的商品種類，並憑藉更具競爭力的價格和逐漸完善的物流配送體系等各項優勢，取得市場占有率多年穩居行業首位的驕人成績。京東商城圖書頻道悄然上線，與手機數碼、電腦辦公等商品並列於京東產品大分類。這也意味着京東商城將與當當、卓越等 B2C 展開更為激烈的競爭。

(2) 三大核心競爭力行銷

京東商城將堅持以"產品、價格、服務"為中心的發展戰略，不斷增強信息系統、產品操作和物流技術三大核心競爭力，始終以服務、創新和消費者價值最大化為發展目標，不僅將京東商城打造成國內最具價值的 B2C 電子商務網站，更要成為中國 3C 電子商務領域的翹楚，引領高品質時尚生活。

(3) 團購行銷

2010 年 12 月 23 日，京東商城團購頻道正式上線，京東商城註冊用戶均可直接參與團購。目前該商城提供的團購服務主要以餐飲美食、娛樂休閒活動和非京東商品的實物團購為主，而春節後將正式推出京東商城在售商品團購，各個類別均有產品參與。京東商城團購頻道的推出，標誌着中國電子商務巨頭正式涉足團購領域，該領域將面臨重新洗牌。

(4) 極速物流送達行銷

京東商城於 2009 年 1 月在上海建設自己的快遞公司總部，同時在北京、上海、廣州、成都建設四大配送中心，並計劃於 2012 年投資數億元在上海建設一個占地 30 萬平米的超大型的配送中心。對於非實物商品，已售數量達成團數量後，消費者即會收到手機短信和郵件優惠碼；而實物商品，在達成團數量後，京東商城會將商品直接送到消費者手中。在京東商城採購的商品還將奉行"211 限時達"極速物流標準，以保證商品 24 小時內送達。

(5) 第三方支付合作行銷

目前京東商城80%商品都可以貨到付款，同時，京東商城還和快錢、支付寶、財付通、匯付天第三方支付工具合作，供消費者在線支付。

(三) 當當網（http://www.dangdang.com/）

1. 當當網簡介

當當網是全球最大的綜合性中文網上購物商城，由國内著名出版機構科文公司、美老虎基金、美國IDG集團、盧森堡劍橋集團、亞洲創業投資基金（原名軟銀中國創業基金）共同投資成立。1999年11月，當當網正式開通。成立十年來，當當網銷售業績增加了400倍。當當網在線銷售的商品包括了家居百貨、化妝品、數碼、家電、圖書、音像、服裝及母嬰等幾十個大類，逾百萬種商品，在庫圖書達到60萬種。目前，每年有近千萬顧客成爲當當網新增註册用户，遍及全國32個省、市、自治區和直轄市。每天有上萬人在當當網買東西，每月有3 000萬人在當當網瀏覽各類信息，當當網每月銷售商品超過2 000萬件。當當網於美國時間2010年12月8日在紐約證券交易所正式掛牌上市。當當網首頁截圖如圖3-13所示。

圖3-13　當當網首頁截圖

2. 年營業額

2010年年營業額約20億元人民幣。

3. 排名

購物交易排名第九位，中國網站排名第一百三十七位。

4. 收錄情況

百度收錄4 190 000條，Google收錄3 220 000條。

5. 其他

用户覆蓋率約3.2%，平均在線時間500分鐘，平均頁面瀏覽數4.9頁。

6. 網頁平均瀏覽量

日均 IP 訪問量為 1 350 000 次，日均 PV 瀏覽量為 10 665 000 次，見圖 3-14：

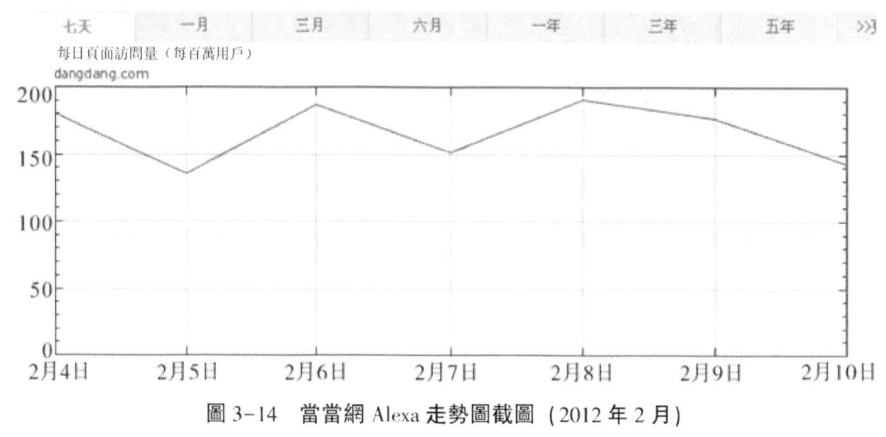

圖 3-14　當當網 Alexa 走勢圖截圖（2012 年 2 月）

7. 行銷點評

（1）讓消費者享受"鼠標輕輕一點，好書盡在眼前"服務的背後，是當當網耗時近 7 年修建的"水泥支持"——龐大的物流體系，分布在北京、華東和華南近 2 萬平方米的倉庫，員工使用當當網自行開發基於網路架構和無線技術的物流、客戶管理、財務等各種軟件，每天把大量貨物通過空運、鐵路、公路等不同運輸手段發往全國和世界各地。在全國 192 個城市里，大量本地的快遞公司為當當網的顧客提供"送貨上門，當面收款"的服務。當當網這樣的網路零售公司幫助推動了網上支付、郵政、速遞等服務行業的迅速發展。

（2）當當網的物流服務是當當網收到投訴最多的一個環節。儘管其在受理物流投訴過程中表現得非常專業，但就目前用戶的反饋來說，物流環節還是當當網的一大硬傷。

（3）當當網提供繁多的商品、實惠的價格、快捷的搜索、靈活的付款方式、快速的送貨服務，通過不斷完善各種網路功能，保持並提升在全球中文書刊和音像網上零售業務上的領先地位。

（四）亞馬遜中國（http：//www.z.cn）

1. 亞馬遜中國簡介

亞馬遜中國是全球最大的電子商務公司亞馬遜在中國的網站。亞馬遜中國，原名卓越亞馬遜，是一家 B2C 電子商務網站，前身為卓越網。2004 年 8 月 19 日亞馬遜公司宣布以 7 500 萬美元收購雷軍和陳年創辦的卓越網，將卓越網收歸為亞馬遜中國全資子公司，使亞馬遜全球領先的網上零售專長與卓越網深厚的中國市場經驗相結合，進一步提升了客戶體驗，並促進了中國電子商務的成長。2007 年亞馬遜將其中國子公司改名為卓越亞馬遜。2011 年 10 月 27 日亞馬遜正式宣布將其在中國的子公司"卓越亞馬遜"改名為"亞馬遜中國"，並宣布啟動短域名（www.z.cn）。亞馬遜中國經營圖書、音像、軟件、影視等商品。卓越網創立於 2000 年，為客戶提供各類圖書、音像、軟件、玩具禮品、百貨等商品。亞馬遜中國總部設在北京。亞馬遜中國首頁截圖如圖 3-15 所示：

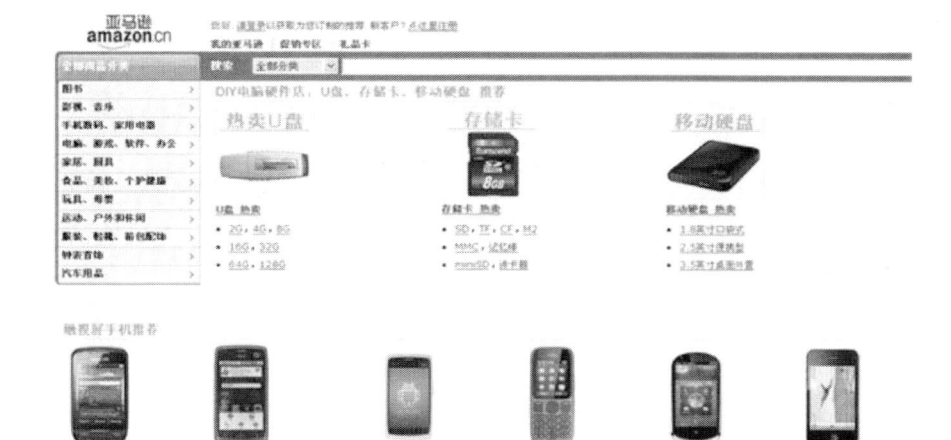

圖 3-15　亞馬遜中國首頁截圖

2. 年營業額

2010 年年營業額約 30.3 億元人民幣。

3. 排名

購物交易排名第七位，中國網站排名第一百四十二位。

4. 收錄情況

百度收錄 6 240 000 條，Google 收錄 815 000 條。

5. 其他

用戶覆蓋率約 3%，平均在線時間 330 分鐘，平均頁面瀏覽數 4.7 頁。

6. 網頁平均瀏覽量

網頁平均瀏覽量示例如圖 3-16 所示：

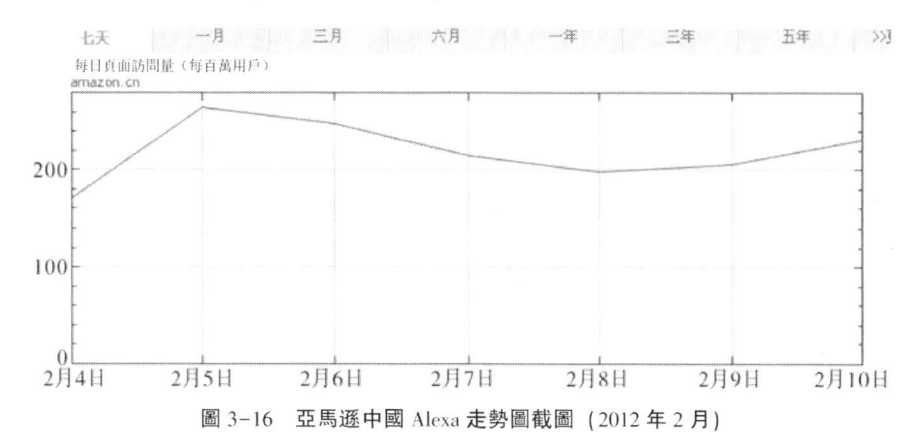

圖 3-16　亞馬遜中國 Alexa 走勢圖截圖（2012 年 2 月）

7. 行銷點評

(1) 提升優化網購者體驗

不斷提升和優化消費者網購體驗一直是亞馬遜中國的目標。近日，亞馬遜中國又啟用"一鍵下單"功能，直接為消費者省去 5 個網購步驟。相比過去的點擊進入購物車、選擇地址、付款、選擇配送方式以及是否開具發票等一系列的常規操作步驟，"一鍵下單"可以在設置頁面將地址、付款、運貨方式、是否發票都提前進行固定設置，之後在每一次購買前只要點擊"一鍵下單"，然後進行付款操作就可完成下單。目前，消費者無論使用網站還是手機在亞馬遜中國購物，都可以選擇是否使用"一鍵下單"服務。這將過去的 11 步減至 6 步，對於使用手機在亞馬遜中國購物的用戶好處尤為明顯。

（2）物流

在整個物流體系上，亞馬遜中國的核心競爭力是由其自己研發的一套物流信息系統，這些採用亞馬遜全條碼掃描系統的運營中心，從網上收到訂單到發貨只需要 2 個小時的時間。

（3）貨到付款行銷

客戶可選擇貨到付款作為支付方式，可用現金或 POS 機刷卡付款，也可選擇使用國際信用卡 VISA、MASTER、American Express 在線支付。

（五）攜程網（http://www.ctrip.com/）

1. 攜程網簡介

攜程網目前占據中國在線旅遊市場 50% 以上份額，其創立於 1999 年，總部設在中國上海。攜程網向超過五千餘萬註冊會員提供包括酒店預訂、機票預訂、度假預訂、商旅管理、高鐵代購以及旅遊資訊在內的全方位旅行服務。目前，攜程網擁有國內外五千餘家會員酒店可供預訂，是中國領先的酒店預訂服務中心，每月酒店預訂量達到五十餘萬間。在機票預訂方面，攜程網是中國領先的機票預訂服務平臺，覆蓋國內外所有航線，並在四十五個大中城市提供免費送機票服務，每月出票量達四十餘萬張。2003 年 12 月攜程網在美國納斯達克成功上市。攜程網首頁截圖如圖 3-17 所示：

圖 3-17　攜程網首頁截圖

2. 年營業額

2010 年年營業額約 30.3 億元人民幣。

3. 排名

旅遊排名第一位，中國網站排名第一百六十六位。

4. 收錄情況

百度收錄 861 000 條，Google 收錄 737 000 條。

5. 其他參數

用戶覆蓋率約 3%，平均在線時間 450 分鐘，平均頁面瀏覽數 5.1 頁。

6. 網頁平均瀏覽量

日均 IP 訪問量爲 744 000 次，日均 PV 瀏覽量爲 5 208 000 次，見圖 3-18：

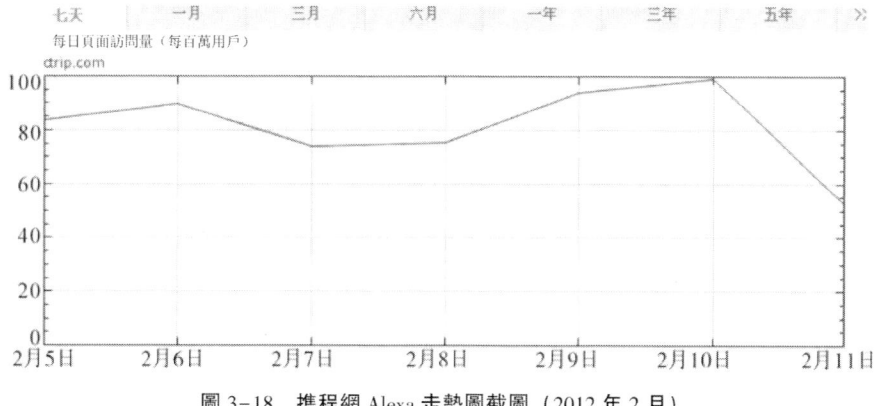

圖 3-18　携程網 Alexa 走勢圖截圖（2012 年 2 月）

7. 行銷點評

(1) 高科技產業與傳統旅遊業整合行銷

携程網成功整合了高科技產業與傳統旅遊業，向超過 4 000 萬會員提供集酒店預訂、機票預訂、度假預訂、商旅管理、特惠商戶及旅遊資訊在內的全方位旅行服務，被譽爲互聯網和傳統旅遊無縫結合的典範。

(2) 互聯網媒體與傳統媒體結合行銷

携程旅行網除了在自身網站上提供豐富的旅遊資訊外，還委託出版了旅遊叢書《携程走中國》，並委託發行旅遊月刊雜誌《携程自由行》。

(3) 高科技系統支撑服務行銷

携程建立了一整套現代化服務系統，包括客户管理系統、房量管理系統、呼叫排隊系統、訂單處理系統、E-Booking 機票預訂系統、服務質量監控系統等。依靠這些先進的服務和管理系統，携程爲會員提供更加便捷和高效的服務。2010 年 5 月 8 日，擁有超過 1.2 萬個呼叫席位的携程信息技術大樓在江蘇南通經濟技術開發區正式落成，該區由此成爲目前世界上最大的旅遊業呼叫中心。

(4) 手機購物與支付行銷

2010 年 4 月，"携程無線" 手機網站正式上線。

（5）增值服務行銷

2011 年 1 月 12 日，與上海知名餐飲預訂服務提供商"訂餐小秘書"正式簽署合作協議，攜程戰略投資訂餐小秘書，雙方將發揮各自優勢，共同深度拓展中國訂餐市場。此次合作將促進中國餐飲預訂服務能力的持續提升和提供旅行增值服務。

（6）本地化行銷

2011 年 1 月 21 日，攜程網宣布正式成立重慶分公司，並全力進軍重慶旅遊市場，大力拓展以重慶為出發地和目的地的旅遊業務。攜程網是第一個在重慶成立分公司的著名在線旅遊企業。

二、中國主要網路零售平臺（站）模式比較

中國主要網路零售平臺（站）模式比較如表 3-2 所示：

表 3-2　　　　　　　中國主要網路零售平臺（站）模式比較表

網站類型	名 稱	商業模式	B數量	第三方支付工具	IM	網站角色定位	行銷主體數	交易客體	贏利模式	網路零售產業鏈生態	網路零售行銷生態
網路零售交易平臺類	淘寶網 http://www.taobao.com/	C2C+B2C	n	√ 支付寶	√ 阿里旺旺	2	1+n	∞	網貨款沉澱、保證金沉澱、技術服務、增值服務、網路廣告、戰略聯盟	√	行銷分散決策、百花齊放、百家爭鳴
	易趣網 http://www.eachnet.com/	同上	n	√ 安付通	√ 易趣通	同上	1+n	同上	同上	×	行銷分散決策、百花齊放、百家爭鳴
	有啊網 www.youa.com	同上	n	√ 百付寶	√ 百度 Hi	同上	1+n	同上	同上	×	行銷分散決策、百花齊放、百家爭鳴
垂直購物網站	京東網 http://www.jd.com/	B2C	1	×	×	B 和 2	1	電器、3C、書籍、服裝等 11 大類	進銷差價、儲金	×	獨立主體行銷
	當當網 http://www.dangdang.com/	同上	1	×	×	同上	1	家居用品、服裝、書籍、母嬰用品等數十大類	同上	×	同上
	紅孩子網 http://www.redbaby.com.cn/	同上	1	×	×	同上	1	集中在母嬰用品類	同上	×	同上
	我買網 http://www.womai.com	B2C	1	×	×	同上	1	集中在食品飲料類	同上	×	同上
	一號店網 http://www.yihaodian.com/	同上	1	×	×	同上	1	集中在快銷品類	同上	×	同上
團購網站	拉手網 http://www.lashou.com/	B2C	1	×	×	介於B和2之間	1	集中在有形網貨、生活包括餐飲、娛樂等類	進銷差價、儲金	×	同上
	美團網（http://www.meituan.com）	B2C	1	×	×	介於B和2之間	1	集中在有形網貨、生活包括餐飲、娛樂等類	進銷差價、儲金	×	同上

表3-2(續)

網站類型	名稱	商業模式	B數量	第三方支付工具	IM	網站角色定位	行銷主體數	交易客體	贏利模式	網路零售產業鏈生態	網路零售行銷生態
獨立購物網站	凡客網 http://www.vancl.com/	B2C	1	×	×	B 和 2	1	集中在服裝類	生產利潤、進銷差價	×	同上
	麥包包網 http://www.mbaobao.com/	B2C	1	×	×	同上	1	集中在箱包類	同上	×	同上
	鑽石小鳥網 http://www.zbird.com/	B2C	1	×	×	同上	1	集中在珠寶鑽石類	同上	×	同上
生產廠商自建零售網站	海爾網上商城 http://ehaier.com/	B2C	1	×	×	同上	1	生產廠家自產商品	同上	×	同上
	九牧王衛浴網上商城 http://www.midibi.cn/	B2C	1	×	×	同上	1	同上	同上	×	同上
跨國網路零售網站	敦煌網 http://www.dhgate.com/	B2C	1	×	×	B 和 2	1	集中在電器、服裝等類	進銷差價、佣金	×	同上
	大龍網 http://www.dinodirect.com/	B2C	1	×	×	同上	1	同上	同上	×	同上
非實物網絡零售交易平臺類	豬八戒網 http://www.zhubajie.com/	C2B	1	√ 易極付	×	2	1	集中在非實物創意商品類	佣金	×	同上
	任務中國 http://www.tasken.com/	C2B	1	×	×	同上	1	同上	同上	×	同上
	住哪網 http://www.zhuna.cn/	B2C	1	×	×	介於B和2之間	1	集中在酒店、旅遊、票務類	同上	×	同上
	攜程網 http://www.ctrip.com/	B2C	1	×	×	介於B和2之間	1	同上	同上	×	同上
	中國鐵路客戶服務中心官網 http://www.12306.cn/mormhweb/	B2C	1	綜合支付方式	×	B 和 2	1	單一鐵路客票發售	生產利潤	×	供不應求、無須行銷

思考題

1. 網路零售平臺內涵、分類及其主要功能是什麼？
2. 中國網路零售產業的發展經歷了哪些歷程？
3. 中國網路零售產業在全球處於什麼地位？爲什麼？
4. 推動中國網路零售產業迅猛發展的原因有哪些？
5. 中國有哪些主要的網路零售平臺？各自有什麼不同的商業模式？
6. 開放平臺與垂直平臺、獨立商城相比有何區別？
7. 什麽是網路零售平臺IP、PV流量？對網路零售平臺有何意義？
8. GMV、轉化率的含義是什麼？對網路零售平臺有何意義？

第四章　網路零售平臺開店

學習目的和要求

本章主要闡述網路零售平臺開店的內涵、意義、優勢、方法、步驟，網店的運營與管理等。通過本章學習，應達到以下目的和要求：

（1）認識網上開店與傳統開店的區別與聯繫。

（2）學習並掌握網路零售平臺開店的內涵、意義、優勢、方法、步驟。

（3）學習並掌握網店的運營與管理技能。

本章主要概念

網店　第三方電商平臺　網上獨立商城　網店註冊　網貨　網店運營　網店管理

第一節　網上開店概述

網路零售平臺開店簡稱為網上開店，是一種在互聯網時代的背景下誕生的新銷售方式，區別於網下的傳統商業模式，與大規模的網上商城及零星的個人品網上拍賣相比，網上開店因投入不大、經營方式靈活，可以為經營者提供不錯的利潤空間，成為許多人的創業途徑之一。

一、網上開店的定義

網上開店，是指經營者自己搭建或在第三方網路零售平臺上（如淘寶網、易趣網、京東商城、蘇寧易購等）註冊一個虛擬的網上商店（簡稱網店），然後將待售商品的信息發布到網頁上，而其他對這些商品感興趣的瀏覽者瀏覽這些商品信息後進行購買，然後通過網上或網下的支付方式向經營者付款，最後經營者通過物流、郵寄等方式，將商品發送至購買者。

二、網上開店的優勢

1. 成本低

網上開店的成本比較低，沒有各種稅費和門面租金等，而且，網店不需要專人的看守，這樣就節省了人力方面的投資。同時，網店經營中基本上沒有水、電、管理費等方面的支出。網上開店的平臺是免費的，所以，網上開店的成本是很低的。

2. 交易迅速

買賣雙方達成意向之後可以立刻付款交易，通過物流或者快遞的形式把貨品送到買家的手中。

3. 運營方便

不需要經營者請店員看店、擺放貨架，一切都是在網上進行，對於已下架商品只需要點擊一下鼠標就可以重新上貨。

4. 形式多樣

無論賣什麼，都可以找到合適的形式。網店經營者如果有比較多的資金可以選擇通用的網店程序進行搭建，也可以選擇比較好的網店服務提供商進行交易。

5. 方式靈活

網店的經營是借助互聯網的，經營者既可以是全職經營，也可以是兼職經營，並且，營業時間也比較靈活，只要及時對瀏覽者的諮詢給予回復就不影響經營。

6. 顧客衆多

網店開在互聯網上，顧客可能是全國的網民，也可能是全球的網民，只要是上網的人就有可能成為商品的瀏覽者和購買者。只要網店裡的商品具有特色、價格合理、經營得法，網店每天都會有不錯的訪問量，這就大大增加了銷售的機會，從而取得良好的收入。

7. 零成本

網店可以根據顧客的訂單去進貨，實現真正的零庫存運作，這樣也就不會有貨物積壓的事情發生了。有了訂單再從廠家拿貨，這樣就可以以較快的速度把生意做大。

8. 受制約少

網上開店基本上不受營業時間、營業地點、營業面積等傳統因素的影響。可以 7×24 小時不停地運作，無論刮風下雨，無論白天晚上，無須專人值班看店，都可以照常營業。網店的流量來自於網上，因此，即使網店的經營者身在一個小胡同里也不會影響到網店的經營。網店的商品數量也不會像網下商店那樣，被店面面積所限制，只要經營者願意，網店可以有成千上萬種商品。

三、網上開店步驟

(一) 網上開店進入條件

第一，具有合法經營資質且遵紀守法。

第二，需要分析定位，選擇適合自己經營的產品風格。

第三，必須具備吃苦耐勞、不輕言放棄、頑強拼搏的精神。

第四，能承受失敗。

第五，要準備一定的資金。

(二) 開店工具

網上開店需要最基本的裝備，用來建立網上店鋪和開展平常的維護工作。

1. 可以上網的電腦

網路零售就是指使用電腦通過網路在互聯網上進行產品的銷售，從而產生利潤。因此，已連接網路的電腦就成爲必備工具之一。

2. 數碼相機

貨物在上"貨架"之前，一般都需要對其進行拍照並將照片上傳到店鋪中。照片使買家對商品有更加直觀的感受和瞭解，也使物品更受關註。

3. 智能手機

網上的聯繫可能因爲網店經營者離開電腦而無法進行，而可以隨身携帶的智能手機，使創業者無論走到哪，都可以及時得到買家的反饋。

4. 掃描儀

某些貨物可能已經有現成的圖片，而且製作精良，這時就可以使用掃描儀把這些圖片掃描進入電腦，當作貨物的照片。

5. 即時通信工具

網上創業者基本上一天超過12個小時開通即時通信工具，以隨時和買家保持聯絡，同時也是和進貨渠道保持聯絡的一種方式。

(三) 開店方式

網上開店有多種方式，不同的開店方式其開店成本也不同，對銷售盈利的結果也會產生一定的影響。要選擇適合自己的開店方式，首先需要對各種不同的網上開店方式進行性價比的分析和比較。

1. 兼職

兼職是最易實施的一種經營方式。經營者將經營網店作爲自己的副業，以增加更多的收入來源爲目的。比如許多在校學生就喜歡利用課餘時間經營網店，也有不少上班族利用工作的便利開設網店。

2. 全職

全職就相當於是投資創業了，經營者會將全部的精力都投入到網店的經營上來，將網上開店作爲自己的事業，將網店的收入作爲個人收入的主要來源。因此，這種經營方式所要付出的精力及財力也較多，其經營的效果也會更好一些。

(四) 註冊認證

雖然在各個第三方網路零售平臺上開店都有各自的一整套程序，但是"百變不離其宗"。申請開店基本上都需要"三步走"：

第一步註冊，即進入某第三方網路零售平臺網站，註冊爲其會員。

第二步認證，即成爲會員之後並不能在網站上銷售，還需要另外一個程序——

認證。

第三步銷售，即成爲認證會員後，創業者就可以上傳照片進行物品的銷售了。

(五) 風險防範

1. 小心謹慎、理性經營

網上交易活動永遠伴隨著交易的風險，一定要保持謹慎的態度和理性的心態，讓騙子無機可乘。第三方支付工具，按照流程是可以防止受騙，但是第三方支付工具只能解決大部分交易誠信問題，不能真正杜絕所有的網路詐騙。所以，在從事網上交易時，一定要謹慎。

2. 使用數字證書保證支付帳戶安全

爲保證支付寶等第三方支付工具的安全，需要下載數字證書。數字證書是由權威、公正的第三方機構 CA 中心簽發的證書。數字證書是爲了防止其他不法分子盜用帳號後，盜用網店經營者的資金。使用了數字證書，即使發送的信息在網上被他人截獲，甚至丟失了個人的帳戶、密碼等信息，仍可以保證帳戶和資金的安全。

3. 使用正版軟件，保證技術安全

避免從網上下載不知名的軟件，可以自己購買正版軟件，實在不得已也要盡量從那些出名的網站上下載。購買正版的殺毒軟件，定期對電腦進行殺毒。盡量不要瀏覽不健康的網站，不要接收陌生人發送的壓縮文件，一定要樹立高度的警戒意識。

4. 誠信爲先

網路創業門檻低，市場主體的素質層次不一，加上電子商務法律滯後，互聯網上違法犯罪現象比較多，因此，要樹立基本的職業道德、誠信經營、依法納稅，堅持有所爲、有所不爲。

第二節　網店經營與管理

一、網店經營與管理的定義

網店經營與管理是指在網路零售體系中一切與網店的運作管理有關的工作，也可以稱爲網店運作、網店運營，主要包括網店流量監控分析、目標用戶行爲研究、網店日常更新及内容編輯、網路行銷策劃及推廣等。

二、網店經營與管理的價值

建網店的目的是希望它逐步發展，市場的占有率越來越高，實現利潤。誰也不希望網店開起來之後，就變成一個死店，不能創造價值，從這個意義上說，網店若想得到好的回報，就應當進行運營，而且是科學的運營。網店的管理水平直接反應著該企業的管理水平，體現了整個企業的企業文化。

三、網店經營與管理的內容

網店經營與管理可分為基礎性的工作和推廣性的工作兩大類。基礎性的工作包括起店名、編寫寶貝標題、編寫寶貝細節描述、裝修店鋪、店鋪日常的維護和產品的更新工作。推廣性的工作包括促銷活動的設計、網店的推廣等。

四、網店經營與管理的主要項目

網店經營與管理的主要項目包括網店前期策劃、網店模板設計、網店裝修、寶貝文案設計、店外常規推廣、寶貝排名優化、網店數據統計、網店流量分析、網店廣告投放等。

五、網店運營推廣的常用方法

1. SNS 網店軟文推廣法

SNS 網店軟文推廣法就是利用社會化行銷工具進行網店推廣與客戶積累。可選擇合適的軟文，並合理地附帶上網店鏈接，發表到自己的博客、日志、空間等自媒體里。再讓自己的一些好友分享，這樣就能讓很多人都關註到網店經營者的文章，從而關註到網店經營者的網店。

2. SNS 網店 API 合作推廣法

網店經營者可以開發一些和自身網店產品相關的小插件，將其插到校園網上，或者插到社區論壇上。只要有開放 API 的 SNS 網店都可以插上。

3. 收藏夾推廣法

網店經營者可以把一些精彩內容的頁面添加到 QQ 書簽、百度搜藏、雅虎收藏等，讓喜歡這些內容的網民去閱讀和收藏。

4. 版主聯盟推廣法

版主聯盟推廣法適合論壇社區網店的推廣，也就是先去加入一些版主聯盟，每天把論壇的一些精彩內容提交上去，等待被相關頻道錄用。一經錄用，就會給網店帶去不少的 IP 流量。

5. QQ 群推廣法

這個方法就是利用 QQ 群進行行銷推廣。如果 QQ 多，加入的群就更多，如果加入的是大群，每個群的人數更多，則宣傳效果更好。如果 QQ 群是可以發群郵件的，網店經營者可以把網店上的精彩內容放在郵件中推薦。

6. 軟文推廣法

軟文推廣法是指寫文章，或者引用好文章，在里面巧妙地加入自己的店鋪網址，然後在一些新聞網站或行業網站進行推廣。

7. 博客推廣法

博客推廣法是指寫好軟文，發表在論壇或博客里。

8. 論壇推廣法

這裡說的論壇是指泛論壇，包含留言本、論壇、貼吧等一切網民可能聚集的地方。可經常發布有爭議性的標題內容，好的標題是論壇推廣成敗的關鍵。

9. 郵件列表推廣法

郵件列表推廣法是指定期或不定期給網民發送電子雜誌。

10. 口碑推廣法

口碑推廣法是指做好內容，讓網民自己主動傳播網店經營者的網店。

11. 視頻源 Flash 推廣法

視頻網店現在都提供外部的訪問接口。在其他的網店、日志引用這些視頻的同時，直接宣傳了網店，擴大了網店的影響力。

12. 網址站推廣法

網址站推廣法是指到網店導航站、網店目錄站推廣網店。

13. 電子郵件自動回復推廣法

電子郵件自動回復推廣法就是在郵箱中設置自動回復，把網店的地址和網店介紹設置爲自動回復的內容。當網店經營者接收到任何一封郵件的時候，郵箱就會自動回復過去。

14. 聯盟推廣法

整合資源，合作共贏。聯盟推廣法是指將幾個站長聯合在一起，達成宣傳共識。在宣傳自己網店的時候，順便也捎帶上別的網店。用同樣的勞動，得到更多的收穫。

15. 互換頻道推廣法

互換頻道推廣法就是和其他網店互相交換頻道，把對方網店當作自己的一個頻道在網店上進行推廣，這樣互相捧場，互相幫襯，效果會更明顯。

六、網店運營的重點

1. 做好網貨包裝

網上購物，大家都青睞有名氣、有實力的網上商家。如果本身就有固定經營地址的網上店，網店經營者不妨把現實公司的信譽轉移到網上來，將公司的辦公場地、廠房等硬件，以及消費者協會等部門頒發的榮譽證書展示於網頁上，消費者對網店經營者的信任會更強。同時，消費者見不到商品實物，一般是靠貨物圖片決定購物意向，一幅模模糊糊、花里胡哨的商品圖片很難引起人們的興趣。所以，對於網頁上的商品圖片，一定要用分辨率高的數碼相機，找準角度，再配以適當的燈光和布景進行拍攝，或者干脆花錢請專業的廣告攝影人員對網店經營者的商品進行"包裝"。這樣，在保證物美價廉的情況下，就不愁消費者不掏腰包。

2. 善於與客戶溝通

網店經營者必須以最快的速度處理訂單，並按照服務流程爲客户提供優良服務。如果網店經營者承諾 24 小時之內送貨上門，那就絕對不能超過 24 小時。一筆交易完成後，除了掙到一筆利潤之外，客戶的聯繫電話、電子信箱等信息也是一筆"無形財富"，網店經營者可以充分利用這些信息對客戶進行跟蹤式服務。比如：詢問客戶是否在規定時間內收到貨物；隔上幾天再用電子郵件、電話、短信等形式詢問客戶對所購商品是否滿意，並可借機介紹新產品。對購物滿一定金額以上的客戶，還可以贈送貴賓卡，給予適當優惠，讓客戶感受到網店經營者對他的重視，而一旦習慣了網店經營者的服務，這些客戶將是網店經營者利潤的源泉。

3. 珍視並巧用網店信譽

誠信是任何經濟行為必須遵循的法則。相對實物店鋪來說，誠信更是網店的生命。現在個別經營者認為網店的遠程服務是"一錘子買賣"，網上配送又不是當面交易，即使有點質量問題或短斤少兩，消費者也無可奈何，所以在經營中一切從利潤出發，忽視了企業信譽。中國有句老話叫"店欺客一時，客欺店一世"，網上購物受一些客觀因素的局限，消費者有可能上當，但他們絕對不會上第二次當，商家在贏得眼前小利的同時，也就永遠失去了這個客戶。所以，網店在組織貨源、貨物發送等環節要確保貨物質量，寧可不掙錢也不能讓假冒偽劣商品和殘次品流向消費者。只有形成了誠信經營的良好口碑，網店才能取得長足的發展。

4. 嚴格管理網店

網上店鋪的員工雖然不多，但也要以人為本，建立科學的管理制度和激勵機制，讓員工從被動型優質服務向主動型優質服務轉變。不妨在網站上設立一個"服務臺"，展示店主和員工的照片、視頻，註明員工的服務星級，讓客戶自己選擇服務人員，這樣不但能激勵員工幹好工作、提高服務質量，還能增加客戶的安全感。同時，也要設立"投訴臺"，公布投訴電話和總經理信箱，當消費者對服務不滿意時，可以方便、順暢地向管理層反應，從而不斷改進網店的服務。嚴格的制度、科學的管理，會讓網店更具生命力。

思考題

1. 網上開店與傳統開店有何區別與聯繫？
2. 在第三方電商平臺開店與自建網上獨立商城有何不同？各自有何優劣勢？
3. 網上開店的內涵、意義、優勢、方法和步驟有哪些？
4. 網店的運營與管理有哪些內容？
5. 如何提高網店運營與管理技能？

第五章　移動電子商務

學習目的和要求

本章主要闡述移動電子商務與傳統電子商務的區別與聯繫，移動網路零售快速發展的原因、發展歷程，移動電子商務的特點與商業模式，移動電子商務與移動支付的緊密關係，移動支付的主要分類，移動支付的主要技術支持，移動電子商務的主要行銷方式等。通過本章學習，應達到以下目的和要求：

（1）認識傳統電子商務與移動電子商務的區別與聯繫。
（2）認識並掌握移動電子商務的內涵及其發展的原因、發展歷程。
（3）學習並掌握移動電子商務的特點與商業模式。
（4）學習並掌握移動電子支付的分類與技術應用。
（5）學習並掌握移動電子商務的主要行銷方式。

本章主要概念

傳統電子商務　移動電子商務　移動支付　近場支付　遠程支付　掃碼支付　客戶端APP 移動電子商務行銷

第一節　移動網路零售模式

移動電子商務就是指利用智能手機、PDA及掌上電腦等無線終端進行的B2B、B2C、C2C或O2O的電子商務。它將因特網、移動通信技術、短距離通信技術及其他信息處理技術完美地結合，使人們可以在任何時間、任何地點進行各種商貿活動，實現隨時隨地、線上線下的購物與交易、在線電子支付以及各種交易活動、商務活動、金融活動和相關的綜合服務活動等。

一、移動網路零售的產生

（一）移動網路零售產生的原因

移動網路零售商務的出現有來自市場需求和技術進步兩方面的因素。其中市場需求是促進技術進步的根本原動力，而技術進步又進一步提升和放大市場需求。二者相互作用，循環往復，沒有終點。

1. 市場需求

（1）人需求的多樣性

人的生存和發展具有包括衣、食、住、行、吃、喝、玩、樂、生、老、病、死等多種需求。滿足這種個人或家庭終端需求的商業活動就是零售。人們希望在任何時候（Anytime）、任何地方（Anywhere）、使用任何可用的方式（Anyway）得到任何想要的零售服務，如隨時隨地下載一段音樂、發送一條短信、在線閱讀一篇學術論文、看一本電子雜誌、在線觀看一部電影等。當然，在人們滿足這些需求的同時還必須為此支付相應的貨幣。否則，社會上將沒有任何人、任何組織（自願組織、公益組織除外）願意提供滿足這些需求的商品和服務。

因此，人們在滿足這些需求的同時，也希望用手機、掌上電腦、筆記本電腦等作為支付手段，通過短信、WAP、IVR等方式，使用移動話費或信用卡作為支付資金，完成購物、繳費、銀行轉帳等交易活動。移動網路零售正廣泛地應用於學習、娛樂、證券、保險、銀行、醫療、交通、賓館等領域，包括手機彩票投註、網上購買遊戲卡、移動夢網和手機支付水電費與燃氣費等商務活動，移動網路零售商務逐漸走進了普通百姓的生活，並迅速形成一個新的產業。

（2）移動終端市場需求巨大

截至2014年年底，我國銀行系統的發卡量累計已超過8.6億張，移動電話用戶數量已超過8億戶，移動上網人數已超過4億人。大部分移動手機用戶擁有一張或多張銀行卡。根據CNNIC的2013年調查報告顯示，我國上網用戶總數為6.67億人，其中使用手機上網的網民為4億人。手機用戶中基本囊括了社會中高端消費群體。同時，無線網路覆蓋面廣，從陸地到海洋，從沿海到內地，從城市到鄉村，都可以使用手機。因此，不論用戶數量規模還是用戶資金實力，移動網路零售市場規模都要遠遠大於固定網路零售市場。如此巨大的手機消費群體和銀行卡持有者數量，對於移動網路零售來說是一座巨大的"金礦"。

2. 技術進步

（1）固定窄帶Internet向移動寬帶Internet發展

自從Internet的商業價值在20世紀90年代初被人類發現後，人類對它的商業發掘就越來越深入。與此同時，當許多人還在探討有線Internet的價值時，無線Internet技術已經取得突飛猛進的發展。可以說，最初有線的、窄帶的Internet僅僅拉開了人類Internet商業應用價值的序幕，有線的寬帶Internet的應用正是當前Internet技術與應用的熱潮。當前，無線Internet特別是無線寬帶Internet的技術正在成熟，正在開創互聯網產業的一個新時代，無線Internet技術的突破將帶來一個全新的商業應用。

（2）移動寬帶Internet技術

著名的Intel公司在2003年發布的新一代移動芯片"迅馳"（Centrino），以及相匹配的WiFi（無線保真）服務，作為一種嶄新的無線移動計算平臺，成為無線互聯產業2003年早春三月中的最亮色。更為輕便、強調移動的基於"迅馳"的筆記本電腦相繼發布，迅速成爲市場熱點。而"迅馳"筆記本電腦的支撐技術之一就是內置了 WLAN 模塊，它可使"迅馳"筆記本電腦隨時隨地以無線的方式接入網路。

在這種形勢下，移動通信技術的發展與應用一樣一日千里。移動支付與移動商務的特點就是強調移動性，它涉及大量的移動信息的傳遞、交換與處理，需要相應的移動計算技術的支持，即相關的無線互聯技術，如藍牙技術（Blue Tooth）、無線局域網路技術（WLAN）、無線廣域網路技術（WWAN）、無線應用協議（WAP）等。

隨著手機使用者不斷增加，手機終端也在高速替換，從最初的模擬技術到今天基於數字技術的 GSM、GPRS 與 CDMA 通信，以及 2009 年已經投入商用的 3G（第三代）移動通信技術，從單純的語音通信到今天的包括數據交換在內的多媒體通信，用戶手中的手機越來越像一個綜合性、智能化的商務與事務處理工具，成爲人們生活與工作中不可或缺的一部分。

（二）移動網路零售的含義

目前，移動網路零售的理念剛剛形成，還不能給出準確的移動商務的定義。因爲支撐移動商務的新技術與新工具不斷出現，很難明確界定移動商務的涵蓋範圍，只可以比較模糊地把握移動商務的內涵，大體上把握這個新興商業模式，但它極有可能重構目前基於 Internet 的商業生態系統。

所謂移動網路零售，簡單來講，就是指用戶在支持 Internet 應用的無線通信網路平臺上，借助手機、PDA、筆記本電腦等移動終端設備完成相應產品或服務的支付或消費行爲的社會經濟活動。

移動網路零售最大的特色就是應用了連通網路的各種移動終端設備，如手機、PDA、筆記本電腦等，而採用的網路連通技術以無線技術爲特色，如目前的 GSM、GPRS、CDMAlx、剛剛興起的無線局域網技術以及 4G 無線廣域網技術等。同時，移動網路零售中的零售產品也不僅是有形產品，還包括各種各樣的無線服務，如證券交易、彩票購買、全方位的個人信息管理、個性化與位置化信息服務、網路銀行服務、網路娛樂與教育服務等。特別是，支付活動作爲商務的一個重要流程，移動網路零售不可避免地促進了移動支付的出現與應用。

從技術角度來看，移動網路零售可以看作是電子商務的一個新的分支，但是從應用角度來看，移動網路零售是對有線商務的整合與發展，是電子商務發展的新形態，即對電子商務的整合、發展和衝擊。其中，整合是將傳統的商務和已經發展起來的、分散的電子商務整合起來，將各種業務流程從有線網路進一步向無線互聯延伸，這是一種新的突破，代表了 AAA 商務理念。

因此，有專家很形象地以一個公式來大體描述移動商務的內涵，即：

移動商務＝商務+Internet+無線網路技術

（三）移動網路零售的特點

雖然移動網路零售發展的時間不長，其優勢卻很明顯，這主要體現在獲取信息的方便性上、支付的方便性上、基礎設施的成本投入上、市場的開發上、市場的規模上。

1. 方便

移動終端既是一個移動通信工具，又是一個移動POS機，也是一個移動的銀行ATM機。用戶可在任何時間、任何地點進行電子商務交易和辦理銀行業務，包括支付。

2. 不受時空控制

移動商務是電子商務從有線通信到無線通信、從固定地點的商務形式到隨時隨地的商務形式的延伸，其最大的優勢就是移動用戶可隨時隨地獲取所需的服務、應用、信息和娛樂。用戶可以在自己方便的時候，使用智能手機或PDA查找、選擇及購買商品或其他服務。

3. 安全

使用手機銀行業務的客戶可更換爲大容量的SIM卡，使用銀行可靠的密鑰，對信息進行加密，傳輸過程全部使用密文，確保安全可靠。

4. 開放性、包容性

移動電子商務因爲接入方式無線化，使得任何人都更容易進入網路世界，從而使網路範圍延伸更廣闊、更開放。同時，使網路虛擬功能更帶有現實性，因而更具有包容性。

5. 潛在用戶規模大

目前我國的移動電話用戶數已接近4億戶，是全球之最。顯然，從電腦和移動電話的普及程度來看，移動電話遠遠超過了電腦。而從消費用戶群體來看，手機用戶中基本包含了消費能力強的中高端用戶，而傳統的上網用戶中以缺乏支付能力的年輕人爲主。由此不難看出，以移動電話爲載體的移動電子商務不論在用戶規模上，還是在用戶消費能力上，都優於傳統的電子商務。

6. 易於推廣使用

移動通信所具有的靈活、便捷的特點，決定了移動電子商務更適合大衆化的個人消費領域，比如：自動支付系統，包括自動售貨機、停車場計時器等；半自動支付系統，包括商店的收銀櫃機、出租車計費器等；日常費用收繳系統，包括水、電、煤氣等費用的收繳等；移動互聯網接入支付系統，包括登錄商家的WAP站點購物等。

7. 迅速靈活

用戶可根據需要靈活選擇訪問方式和支付方法，並設置個性化的信息格式。電子商務服務選擇越多，提供的服務形式越簡單，移動電子商務越會快速發展起來。但是，移動電子商務要想像基於互聯網的電子商務一樣"飛入尋常百姓家"，可能還需要一段時間。

二、移動網路零售市場的分類

(一) 按零售的客體分類

1. 虛擬商品

主要是依附於各運營商旗下的 SP 所提供的，如收費圖鈴、遊戲下載或其他資訊類業務。工商銀行、建設銀行等多家銀行和支付寶也開通了通過手機交水電費、話費、交通罰款、物業費、學費和進行校園卡與公交卡充值等業務。

2. 實體商品

目前國內主要有淘寶網、立即購、"掌店"移動商城涉足這一領域，移動電子商務正融入我們的生活中，為我們帶來更多的生活便利，移動電子商務已是大勢所趨。

(二) 按移動網路零售的應用方式分類

1. 遠程網路零售

移動網路零售中的"遠程網路零售"是指傳統網路零售通過 PC 端的零售方式自然轉化為通過移動終端的零售方式。遠程網路零售的方式是對傳統網路零售方式的延伸，遠程網路零售與傳統網路零售的品類既可重合，也可形成差異。傳統網路零售是通過網頁瀏覽器銷售，移動網路零售是通過 APP 銷售。因此，很多網路零售平臺都推出了各自的移動 APP 來吸引消費者。

2. 近場網路零售

移動網路零售是在"移動支付中的近場支付"與"O2O 中的本地化服務"共同發展下衍生出來的一個概念。近場網路零售就是指通過移動終端選擇本地化服務的零售消費場所，最後可以通過近場支付進行消費。

第二節　移動支付的發展

一、移動支付概述

(一) 移動支付的定義

移動支付也稱為手機支付，就是允許用戶使用其移動終端（通常是手機）對所消費的商品或服務進行帳務支付的一種服務方式。單位或個人通過移動設備、互聯網或者近距離傳感直接或間接向銀行金融機構發送支付指令產生貨幣支付與資金轉移行為，從而實現移動支付功能。移動支付將終端設備、互聯網、應用提供商以及金融機構相融合，為用戶提供貨幣支付、繳費等金融業務。

（二）移動支付的分類

1. 按用戶支付的額度，可以分為微支付和宏支付

根據移動支付論壇的定義，微支付是指交易額少於 10 美元，通常用於購買移動內容業務，例如遊戲、視頻下載等的支付。

宏支付是指交易金額較大的支付行為，例如在線購物或者近距離支付（微支付方式同樣也包括近距離支付，例如交停車費等）。

2. 按完成支付所依託的技術條件，可以分為近場支付和遠程支付

遠程支付是指通過移動網路，利用短信、GPRS 等空中接口，和後臺支付系統建立連接，實現各種轉帳、消費等支付功能。

近場支付是指通過具有近距離無線通信技術的移動終端實現本地化通訊進行貨幣資金轉移的支付方式。

3. 按支付帳戶的性質，可以分為銀行卡支付、第三方支付帳戶支付、通信代收費帳戶支付

銀行卡支付是指直接採用銀行的借記卡或貸記卡帳戶進行支付的形式。

第三方帳戶支付是指為用戶提供與銀行或金融機構支付結算系統接口的通道服務，實現資金轉移和支付結算功能的一種支付服務。第三方支付機構作為雙方交易的支付結算服務的中間商，需要提供支付服務通道，並通過第三方支付平臺實現交易和資金轉移結算安排的功能。

通信代收費帳戶是移動運營商為其用戶提供的一種小額支付帳戶，用戶在互聯網上購買電子書、歌曲、視頻、軟件、遊戲等虛擬產品時，通過手機發送短信等方式進行後臺認證，並將帳單記錄在用戶的通信費帳單中，月底進行合單收取。

4. 按支付的結算模式，可以分為即時支付和擔保支付

即時支付是指支付服務提供商將交易資金從買家的帳戶即時劃撥到賣家帳戶。一般應用於"一手交錢一手交貨"的業務場景（如商場購物），或應用於信譽度很高的 B2C、B2B 電子商務，如首信、yeepal、雲網等。

擔保支付是指支付服務提供商先接收買家的貨款，但並不馬上就支付給賣家，而是通知賣家貨款已凍結，賣家發貨。買家收到貨物並確認後，支付服務提供商將貨款劃撥到賣家帳戶。支付服務商不僅負責資本的劃撥，同時還要為不信任的買賣雙方提供信用擔保。擔保支付業務為開展基於互聯網的電子商務提供了基礎，特別是對於沒有信譽度的 C2C 交易以及信譽度不高的 B2C 交易。做得比較成功的是支付寶。

5. 按用戶帳戶的存放模式，可分為在線支付和離線支付

在線支付是指用戶帳戶存放在支付提供商的支付平臺，用戶消費時，直接在支付平臺的用戶帳戶中扣款。

離線支付指用戶帳戶存放在智能卡中，用戶消費時，直接通過 POS 機在用戶智能卡的帳戶中扣款。

二、移動支付的特徵

移動支付屬於電子支付方式的一種，因而具有電子支付的特徵，但因其與移動通信技術、無線射頻技術、互聯網技術相互融合，又具有自己的特徵，主要表現爲以下幾個方面：

1. 移動性

可隨身攜帶的移動性，消除了距離和地域的限制。因具備先進的移動通信技術的移動性，可隨時隨地獲取所需要的服務、應用、信息和娛樂。

2. 及時性

不受時間、地點的限制，信息獲取更爲及時，用戶可隨時對帳戶進行查詢、轉帳或進行購物消費。

3. 定制化

基於先進的移動通信技術和簡易的手機操作界面，用戶可定制自己的消費方式和個性化服務，帳戶交易更加簡單、方便。

4. 集成性

以智能手機爲載體，通過與終端讀寫器近距離識別進行的信息交互，運營商可以將移動通信卡、公交卡、地鐵卡、銀行卡等各類信息整合到以手機爲平臺的載體中進行集成管理，並搭建與之配套的網路體系，從而爲用戶提供十分方便的支付以及身份認證渠道。

三、移動支付的方式

移動支付的方式有短信支付、掃碼支付、指紋支付、聲波支付等。

1. 短信支付

手機短信支付是手機支付的最早應用，將用戶手機 SIM 卡與用戶本人的銀行卡帳號建立一種一一對應的關係，用戶通過發送短信的方式在系統短信指令的引導下完成交易支付請求，操作簡單，可以隨時隨地進行交易。手機短信支付服務強調了移動繳費和消費。

2. 掃碼支付

掃碼支付是一種基於帳戶體系的新一代無線支付方案。在該支付方案下，商家可把帳號、商品價格等交易信息匯編成一個二維碼，並印刷在各種報紙、雜誌、廣告、圖書等載體上發布。用戶通過手機客戶端掃拍二維碼，便可實現與商家支付寶帳戶的支付結算。最後，商家根據支付交易信息中的用戶訂貨、聯繫資料，就可以進行商品配送，完成交易。

3. 指紋支付

指紋支付即指紋消費，是指採用目前已成熟的指紋系統進行消費認證，即顧客使用指紋註冊成爲指紋消費折扣聯盟平臺會員，通過指紋識別即可完成消費支付。

4. 聲波支付

利用聲波的傳輸，完成兩個設備的近場識別。其具體過程是：在第三方支付產品的手機客戶端里，內置有"聲波支付"功能，用戶打開此功能後，用手機麥克風對準收款方的麥克風，手機會播放一段"咻咻咻"的聲音。

移動支付產業屬於新興產業，2009年上半年，我國手機支付用戶總量突破1 920萬戶，實現交易6 268.5萬筆，支付金額共170.4億元。預計到2017年，移動支付的市場規模將達到1萬億美元，這意味着，今後幾年全球移動支付業務將呈現持續走強趨勢。

第三節　移動網路零售行銷策略

一、移動零售平臺構建策略

用戶與環境、硬件與軟件技術、互聯網接入、網站結構與內容條件等因素決定了移動電子商務網站需要採取與傳統電子商務網站不同的策略，才能使用戶得到很好的體驗並取得成功。這些策略包括綜合考慮商業目標和各種因素確定總體目標、確定目標客戶、以用戶爲中心的設計方法、合理的信息結構、良好的頁面設計等。

1. 確立網站總體目標

構建移動網路零售平臺的首要工作就是確立網站總體目標。只有明確網站總體目標，才能爲尋找網站目標用戶、確定合適的移動設備與技術提供依據。爲了便於確定網站的總體目標，可以思考以下問題：企業的總體目標是什麼？移動零售平臺網站將會如何幫助企業實現總體目標？使用移動網路零售平臺網站能否提高企業的盈利能力？能否創造新的商機？在現有商業模式下，是面向移動用戶提供完整的產品與服務還是簡單地創建一個網站供用戶獲取信息？採用什麼樣的信息結構最能體現企業的商業價值？

2. 明確目標用戶

移動網路零售平臺網站總體目標決定了網站會提供什麼樣的產品和服務，從而決定了哪些用戶是目標用戶。在我國，移動電子商務網站的用戶大多數是年輕人和商務人士。需要在資費、網站的色彩與表現效果、可用性、易用性等方面進行充分的市場調研，以便在明確和瞭解目標用戶的同時，驗證總體目標的可行性。

爲了更好地瞭解移動電子商務網站的目標用戶，可以關註以下幾個問題：哪些用戶會訪問移動電子商務網站並完成哪些工作？用戶會在什麼情況下使用網站的功能？用戶最常用、最關註的功能有哪些？用戶在不同環境下需求會發生怎樣的變化？網站需要對哪些變化予以支持？

3. 確定網站適用的移動設備

移動設備的千差萬別對移動電子商務網站所能採用的技術產生重大影響。例如，移動設備的屏幕至關重要，不但要考慮屏幕大小的差異，還需要考慮如何較好地在較小的屏幕上展示網站。

在明確目標用戶過程中，有必要對目標用戶所使用的移動設備進行調查，以使用最廣泛的某種或幾種類型設備作爲網站的主要適用設備。這樣，能從一定程度上降低因設備差異對移動電子商務網站的不利影響，在實現盡可能適應最多移動設備的同時，降低構建網站的成本。在技術方面需要考慮以下幾個問題：哪些技術可以幫助網站實現良好的人機交互？如何構建美觀生動的頁面以吸引用戶的註意力？採用何種技術能將信息有效地組織在一起？如何能幫助用戶快速查找和瀏覽信息？所採用技術在移動設備上的適用程度如何？

4. 合理的信息結構

移動網路零售平臺網站只有提供快速地查找產品與服務、方便地瀏覽產品與服務信息、簡化的交易等功能，才有可能使用戶在移動設備上進行在線交易。因此，必須在信息結構上進行優化。

（1）精簡信息。移動用戶具有很明確的目的性，移動電子商務網站要在合適的地方提供給用戶最需要的信息，而且越簡單越好。這樣也避免了用戶因瀏覽大數據量頁面而等待較長時間。

（2）整合欄目。在精簡信息的基礎上，以幫助用戶完成特定目標爲出發點，將關聯度較高的欄目按照"任務"的形式進行整合。

（3）採用向下鑽取的方式組織複雜內容。使用頁面鏈接的方式對信息進行擴展，方便用戶進一步深入瞭解其感興趣的內容。

（4）提供有限的選擇。遵循"二八原則"，提供最有價值、最常用的信息和功能給用戶，其他特殊功能暫時不予考慮。

（5）提供強大的搜索功能。盡可能通過精簡信息和欄目的方式幫助用戶快速找到最需要的信息。

二、移動網路零售平臺市場行銷策略

1. 挖掘並創造移動需求

一個新的商業領域的開拓，最重要的是創造需求，而創造需求的關鍵是挖掘客戶潛在的需求。對於移動通信用戶來說，即時通信是用戶使用移動通信設備的主要目的，但同時也有許多亟待開發的潛在需求。

超前（Proactive）服務管理是移動電子商務應用的新領域。在這種服務中，服務提供者收集當前及未來一段時間與用戶需求相關的信息，並預先發出主動服務的信息。類似的移動服務還有很多，需要企業和商家不斷地思考、調查和發掘。未來的電信服務內容中，將包括大量各種各樣的增值業務，它們的收入總和將大大超過基礎業務收入。這些潛在的業務，歸根結底，需要廠商進行發掘和推廣。同網路零售一樣，正在起步的移動網路零售也是一塊沒有開墾的處女地。

2. 利用移動優勢

移動性是移動電子商務服務的本質特徵。無線移動網路及手持設備的使用，使得移動電子商務具備許多傳統電子商務所不具備的"移動"優勢，這使得很多與位置相關、帶有流動性質的服務成爲迅速發展的業務。移動網路零售不受時間和地點的約束並且具有方便、靈活、安全等特性，用戶在需要的時候能夠隨時訪問網頁並進行電子商務交易與支付，同時方便買賣雙方直接溝通，還可以及時跟蹤貨物。移動網路零售有其自身的特點，抓住這些特點才能有效地開展網上交易。根據移動網路零售的移動性和直接性兩大特點，可充分挖掘由此產生的利潤增長點。

3. 加強移動宣傳

從理論上說，移動廣告具有與一般網路廣告類似的特點，它具有很好的交互性、可測量性和可跟蹤特性。同時，移動廣告還可以提供特定地理區域的直接的、個性化的廣告定向發布。因此，移動廣告具有許多新的網路直銷方式和創收方式。傳統廣告是單向的，用戶不喜歡觀看或收聽，可以略過這些信息。網路廣告具有一定的強迫性，跳出廣告可以在瀏覽網頁的同時強制性跳出。而移動設備接收信息的形式使得用戶不得不閱讀所有收到的信息並加以清除。這就爲行銷人員提供了獲得用戶註意力的新方法，並且提供了管理客戶關係和建立顧客忠誠度的新方法。

4. 開發"小額"項目

從目前情況看，移動電子商務應用主要集中在"小額"項目領域，即支付金額不大的小額零售購物和服務。這一特點是和移動通信設備的特點相關聯的，因爲人們在移動過程中很難做出金額較大的購買決策。而利用移動通信設備進行小額物品的購買，決策容易又節省時間，因而成爲移動網路零售的首選。

由於消費者需求的特殊性增加，不同消費者在消費結構、時空、品質等諸多方面的差異自然會衍生出特殊的、合適的目標市場，這些市場規模較小，但其購買力並不會相對減弱。目標市場特殊性的強化預示着消費者行爲的複雜化和消費者的成熟，也爲移動電子商務提供了極好的市場機遇。

"小額"項目具有廣闊的市場空間。雖然從每筆交易額看，單筆小額購買和服務的金額不大，但這方面的交易數量極大，因而帶來的總交易額巨大，所帶來的利潤也比較高，應引起廠商的足夠重視。

5. 手機微信行銷

手機微信行銷是現在很流行的一種移動電子商務行銷方式，許多企業通過微信公衆號發布消息，在樹立企業品牌形象的同時也對企業產品做了一定的推廣，同樣的，許多小規模賣家，也通過在朋友圈發布商品信息，私下進行買賣。

三、移動網路零售 APP 運營策略

(一) APP 產品規劃階段和開發階段的行銷

1. 微型網站

對即將推出 APP 應用軟件的微型網站進行精心設計、展示，是必須的工作。隨著 APP 開發持續進行，可以添加截圖、視頻預告片、媒體資料、電子郵件訂閱、論壇和社交媒體鏈接等。同時，在發布這些信息時應提及 APP 的發布日期和支持的平臺。

2. 博客

不定期張貼新的內容在自己的博客上，這對其他人來說是有用的、值得分享的、有意義的，這樣做的同時也可以為企業網站帶來額外的流量。把這些渠道都利用起來，從不同方面展示即將推出的應用程序，讓別人知道他們開發的手機應用是值得下載和使用的。

3. 社交媒體

創建一個社交主頁帳號，並在微型網站上設置"點讚"和"關註"的按鈕。要持續更新與應用程序相關的新的截圖和其他信息。同時，要建立一個視頻頻道，用來上傳視頻預告或各種幕後視頻。在視頻描述里添加網站地址，用各種 SEO 技巧增加產品微型網站的流量。

4. 論壇

參與到與自身開發的 APP 相關的興趣話題的論壇討論。

5. 截圖和預告片

一張好圖勝過千言萬語，好的 APP 截圖往往能得到很多轉發和點讚。可將獨家截圖發送給電子郵件訂閱用戶，在社交媒體上讓大家分享 APP 內容。可以製作一個酷炫的預告片，添加一點點創造力、小創新，還可以同時聯繫 APP 未來用戶和移動應用市場行銷夥伴。

(二) APP 發行與行銷

大量的安裝對 APP 的試行是非常重要的。APP 安裝量越多，在應用商店中的排名也就越靠前。

1. 應用商店的優化

選擇合適的關鍵字、標籤、描述、區域化語言等。準備好引人入勝的應用圖標、描述和畫面。同時，使用一些工具來提升 APP 排名，如 App Annie、Distimo 或 AppCodes 等。

2. 免費 APP 推廣服務

Free App a Day、App O Day 或 App Gratis 等服務器都提供了巨大的初始下載量，可幫助提升 APP 排行。

3. 移動廣告

很多的移動廣告平臺都可以促進提升最新應用的下載量，而且不需要花費太多。

4. 交叉宣傳廣告

交叉宣傳是一種盈利機制。如果自身開發的 APP 有相當優質的流量，那麼就可以為他人提供廣告空間，從而輕鬆地實現贏利。

5. 額外的夥伴關係

可以與本行業不同的公司洽談優惠促銷活動以獲得更多的支持，他們可能會在下一個新聞發布會上提到 APP，並作為技術解決方案的案例。

思考題

1. 電子商務與移動電子商務有何區別與聯繫？
2. 移動電子商務的內涵及其發展的原因、發展歷程是什麼？
3. 移動電子商務的特點與商業模式是什麼？
4. 移動電子支付的分類與技術應用包括哪些內容？
5. 移動電子商務有哪些主要的行銷方式？
6. APP 有哪些開發技術與行銷方式？

第六章　跨境電子商務

學習目的和要求

本章主要闡述跨境電子商務的定義戰略與跨境電子商務的關係、跨境電子商務的特點、跨境電子商務的主要分類、跨境電子商務主要障礙與措施。通過本章學習，應達到以下目的和要求：

(1) 學習並瞭解跨境電子商務的定義與內涵。
(2) 學習並掌握國家"一帶一路"戰略與跨境電子商務的關係。
(3) 學習並掌握跨境電子商務的特點與主要分類。
(4) 認識跨境電子商務主要障礙與措施。

本章主要概念

傳統國際貿易　跨境電子商務　跨境支付　跨境物流　跨境電子商務模式

第一節　跨境電子商務的發展

一、跨境網路零售發展概況

(一) 跨境網路零售的定義

跨境網路零售是指分屬不同關境的交易主體，通過網路零售平臺達成交易、進行支付結算，並通過跨境物流送達商品，完成交易的一種基於互聯網技術的國際貿易活動。

(二) 跨境電子商務與戰略

現階段，中國跨境電商處於發展初期，且在中國進出口交易總額中的占比正在穩步增長。隨著跨境電商系統的完善和國家扶持政策的出臺，跨境電商將會迎來高速發展期，未來跨境電商整體市場潛力巨大。

截至目前，中國跨境電商主要交易模式以跨境B2B爲主，在銷售產品方面以服裝類產品、3C類產品爲主。根據政府披露數據以及第三方數據，可瞭解到目前我國跨境電商以出口交易爲主。但隨著我國跨境電商市場的快速發展，用戶跨境消費習慣的逐漸養成以及跨境電商企業在產品品類、質量和服務等多方面的提升和完善，我國跨境電商市場自身的競爭力會大幅度提升，進出口交易比例也會逐漸趨於平衡。

跨境電子商務是電子商務中的一個重要分支和業態。2013 年是我國跨境電商發展的元年。據統計，2013 年我國跨境電商進出口交易額爲 3.1 萬億元，同比增長 31.3%，占我國整體進出口貿易市場規模的 12.1%。在傳統外貿年均增長不足 10% 的情況下，中國跨境電商連年保持着 20%~30% 以上的增長。據商務部預測，我國跨境電商交易規模將持續高速發展，跨境電子商務在我國進出口貿易中的比重將會越來越大，到 2016 年將會達到 20%，規模將達 6.5 萬億元。

"一帶一路"是習近平總書記於 2013 年 9 月和 10 月提出的建設"新絲綢之路經濟帶"和"21 世紀海上絲綢之路"的戰略構想，強調相關各國要打造互利共贏的"利益共同體"和共同發展繁榮的"命運共同體"，爲古老的絲綢之路賦予了嶄新的時代內涵。"一帶一路"沿線有 26 個國家，大多是新興經濟體和發展中國家，總人口約 44 億人，經濟總量約 21 萬億美元，分別約占全球的 63% 和 29%，貨物和服務出口量接近全世界的四分之一。2015 年 6 月 20 日，國務院辦公廳印發《關於促進跨境電子商務健康快速發展的指導意見》指出，支持跨境電子商務發展，有利於用"互聯網+外貿"實現優進優出，有利於加快實施"一帶一路"等國家戰略。當前，經濟全球化深入發展，區域經濟一體化加快推進，全球經濟增長和貿易、投資格局正在醞釀深刻調整，亞歐國家都處於經濟轉型升級的關鍵階段，需要進一步激發區域內發展活力與合作潛力。

二、跨境電子商務的特點

跨境電子商務是基於網路發展起來的。網路空間相對於物理空間來說是一個新空間，是一個由網址和密碼組成的虛擬但客觀存在的世界。網路空間獨特的價值標準和行爲模式深刻地影響着跨境電子商務，使其不同於傳統的交易方式而呈現出自己的特點。

（一）全球性（Globality）

網路是一個沒有邊界的媒介體，具有全球性和非中心化的特徵。依附於網路的跨境電子商務也因此具有了全球性和非中心化的特性。電子商務與傳統的交易方式相比，其一個重要特點在於電子商務是一種無邊界交易，喪失了傳統交易所具有的地理因素。互聯網用戶不需要考慮跨越國界就可以把產品尤其是高附加值產品和服務提交到市場。網路的全球性特徵帶來的積極影響是信息的最大程度的共享，消極影響是用戶必須面臨因文化、政治和法律的不同而產生的風險。任何人只要具備了一定的技術手段，在任何時候、任何地方都可以讓信息進入網路，並相互聯繫進行交易。美國財政部在其財政報告中指出，對基於全球化的網路建立起來的電子商務活動進行課稅是困難重重的，因爲電子商務是基於虛擬的電腦空間展開的，喪失了傳統交易方式下的地理因素，電子商務中的制造商容易隱匿其住所，而消費者對制造商的住所是漠不關心的。比如，一家很小的愛爾蘭在線公司，通過一個可供世界各地的接入互聯網的消費者點擊觀看的網頁，銷售其產品和服務。這很難界定這一交易究竟是在哪個國家內發生的。

這種遠程交易的發展，給稅收制造了許多困難。稅收權力只能嚴格地在一國範圍內實施，網路的這種特性爲稅務機關對超越一國的在線交易行使稅收管轄權帶來了困難。而且互聯網有時扮演了代理中介的角色。在傳統交易模式下往往需要一個有形的銷售網點的存在。例如，通過書店將書賣給讀者，而在線書店可以代替書店這個銷售網點直接完成整個交易。問題是，稅務當局往往要依靠這些銷售網點獲取稅收所需要的基本信息，以代扣代繳所得稅等。沒有這些銷售網點的存在，稅收權力的行使也會出現困難。

（二）無形性（Intangible）

網路的發展使數字化產品和服務的傳輸盛行。而數字化傳輸是通過不同類型的媒介，例如數據、聲音和圖像，在全球化網路環境中集中而進行的，這些媒介在網路中是以計算機數據代碼的形式出現的，因而是無形的。以一個 E-mail 信息的傳輸爲例，這一信息首先要被服務器分解爲數以百萬計的數據包，然後按照 TCP/IP 協議通過不同的網路路徑傳輸到一個目的地服務器並重新組織轉發給接收人，整個過程都是在網路中瞬間完成的。電子商務是數字化傳輸活動的一種特殊形式，其無形性的特性使得稅務機關很難控制和檢查銷售商的交易活動，稅務機關面對的交易記錄都體現爲數據代碼的形式，使得稅務核查員無法準確地計算銷售所得和利潤所得，從而給稅收帶來困難。

數字化產品和服務基於數字傳輸活動的特性也必然具有無形性，傳統交易以實物交易爲主，而在電子商務中，無形產品卻可以替代實物成爲交易的對象。以書籍爲例，傳統的紙質書籍，其排版、印刷、銷售和購買被看作是產品的生產、銷售。然而在電子商務交易中，消費者只要購買網上的數據權便可以使用書中的知識和信息。而如何界定該交易的性質、如何監督、如何徵稅等一系列的問題卻給稅務和法律部門帶來了新的課題。

（三）匿名性（Anonymous）

由於跨境電子商務具有非中心化和全球性的特性，因此很難識別電子商務用戶的身份和其所處的地理位置。在線交易的消費者往往不顯示自己的真實身份和自己的地理位置，重要的是這絲毫不影響交易的進行，網路的匿名性也允許消費者這樣做。在虛擬社會里，隱匿身份的便利迅即導致自由與責任的不對稱。人們在這里可以享受最大的自由，卻只承擔最小的責任，甚至干脆逃避責任。這顯然給稅務機關制造了麻煩，稅務機關無法查明應當納稅的在線交易人的身份和地理位置，也就無法獲知納稅人的交易情況和應納稅額，更不用說去審計核實。該部分交易和納稅人在稅務機關的視野中隱身了，這對稅務機關是致命的。

電子商務交易的匿名性導致了逃稅現象的惡化，網路的發展，降低了避稅成本，使電子商務避稅更輕鬆易行。電子商務交易的匿名性使得應納稅人利用避稅地聯機金融機構規避稅收監管成爲可能。電子貨幣的廣泛使用，以及國際互聯網所提供的某些避稅地聯機銀行對客戶的"完全稅收保護"，使納稅人可將其源於世界各國的投資所得直接匯入避稅地聯機銀行，規避了應納所得稅。美國國內收入服務處（IRS）在其規模最大的一次審計調查中發現，大量的居民納稅人通過離岸避稅地的金融機構隱藏了大量的應稅收入。而美國政府估計，大約三萬億美元的資金因受避稅地聯機銀行的"完全稅收保護"而被藏匿在避稅地。

（四）即時性（Instantaneously）

對於網路而言，傳輸的速度與地理距離無關。傳統交易模式下，信息交流方式如信函、電報、傳真等，在信息的發送與接收間，存在着長短不同的時間差。而電子商務中的信息交流，無論實際時空距離遠近，一方發送信息與另一方接收信息幾乎是同時的，就如同生活中面對面交談。某些數字化產品（如音像製品、軟件等）的交易，還可以即時清結，訂貨、付款、交貨都可以在瞬間完成。

電子商務交易的即時性提高了人們交往和交易的效率，免去了傳統交易中的中介環節，但也隱藏了法律危機。在稅收領域表現爲：電子商務交易的即時性往往會導致交易活動的隨意性，電子商務主體的交易活動可能隨時開始、隨時終止、隨時變動，這就使得稅務機關難以掌握交易雙方的具體交易情況，不僅使得稅收的源泉扣繳的控管手段失靈，而且客觀上促成了納稅人不遵從稅法的隨意性，加之稅收領域現代化徵管技術的嚴重滯後，依法治稅變得蒼白無力。

（五）無紙化（Paperless）

電子商務主要採取無紙化操作的方式，這是以電子商務形式進行交易的主要特徵。在電子商務中，電子計算機通訊記錄取代了一系列的紙面交易文件。由於電子信息以比特的形式存在和傳送，整個信息發送和接收過程實現了無紙化。無紙化帶來的積極影響是使信息傳遞擺脫了紙張的限制，但由於傳統法律的許多規範是以規範"有紙交易"爲出發點的，因此，無紙化帶來了一定程度上的法律混亂。

電子商務以數字合同、數字時間截取了傳統貿易中的書面合同、結算票據，削弱了稅務當局獲取跨國納稅人經營狀況和財務信息的能力，且電子商務所採用的其他保密措施也將增加稅務機關掌握納稅人財務信息的難度。在某些交易無據可查的情形下，跨國納稅人的申報額將會大大降低，應納稅所得額和所徵稅款都將少於實際所達到的數量，從而引起徵稅國國際稅收流失。例如，世界各國普遍開徵的傳統稅種之一的印花稅，其課稅對象是交易各方提供的書面憑證，課稅環節爲各種法律合同、憑證的書立或做成，而在網路交易的情況下，物質形態的合同、憑證形式已不復存在，因而印花稅的合同、憑證貼花（即完成印花稅的繳納行爲）便無從下手。

（六）快速演進（Rapidly Evolving）

互聯網是一個新生事物，現階段它尚處在幼年時期，網路設施和相應的軟件協議的未來發展具有很大的不確定性。但稅法制定者必須考慮的問題是網路，它像其他的新生兒一樣，必將以前所未有的速度和無法預知的方式不斷演進。基於互聯網的電子商務活動也處在瞬息萬變的過程中，短短的幾十年，電子交易經歷了從 EDI 到電子商務零售業的興起的過程，而數字化產品和服務更是花樣出新，不斷地改變着人類的生活。

一般情況下，各國為維護社會的穩定，都會註意保持法律的持續性與穩定性，稅收法律也不例外，這就會引起網路的超速發展與稅收法律規範相對滯後的矛盾。如何將分秒都處在發展與變化中的網路交易納入稅法的規範，是稅收領域的一個難題。網路的發展不斷給稅務機關帶來新的挑戰，稅務政策的制定者和稅法立法機關應當密切註意網路的發展，在制定稅務政策和稅法規範時充分考慮這一因素。

三、跨境網路零售的意義

1. 有效地節約資源和降低對外貿易的綜合成本

與傳統外貿相比，跨境電商可以有效地節約資源和降低對外貿易的綜合成本。電商平臺擁有商品智能檢索、商品信息公開、消費者反饋公開、傳播速度快、支付便捷等多方面優勢，為中小型企業進入國際市場開闢了捷徑，也為本土知名品牌提供了提升國際知名度的良機。

2. 引起了國際貿易的巨大變革

跨境電子商務作為推動經濟一體化、貿易全球化的技術基礎，具有非常重要的戰略意義。跨境電子商務不僅衝破了國家間的障礙，使國際貿易走向無國界貿易，同時它也正在引起世界經濟貿易的巨大變革。對企業來說，跨境電子商務構建的開放、多維、立體的多邊經貿合作模式，極大地拓寬了進入國際市場的路徑，大大促進了多邊資源的優化配置與企業間的互利共贏。對於消費者來說，跨境電子商務使他們非常容易地獲取其他國家的信息並買到物美價廉的商品。

第二節　跨境電子商務分類及主要企業

跨境電子商務分為出口和進口兩類，後者目前在國內主要為海淘服務。跨境電商市場按照商業模式劃分為 B2B、B2C 以及 C2C 三種類型。按平臺服務類型劃分，跨境電商平臺分為信息服務平臺和在線交易平臺。

在跨境電商市場中，跨境 B2B 模式在整體跨境電商行業中尤為重要，扮演着支柱型產業的角色，且跨境 B2B 平臺的交易規模占整體跨境電商市場交易規模的 90% 以上。

一、出口型跨境電子商務分類

1. 按產業終端用戶類型分類

（1）B2B 平臺

B2B 跨境電商平臺所面對的最終客戶爲企業或集團客戶，並爲其提供企業、產品、服務等相關信息。在跨境電商市場中，企業級市場始終處於主導地位。

代表企業有敦煌網、中國制造、阿里巴巴國際站、環球資源網等。

（2）B2C 平臺

B2C 類跨境電商企業所面對的最終客戶爲個人消費者，針對最終客戶，以網上零售的方式，將產品售賣給個人消費者。

B2C 類跨境電商平臺在不同垂直類目商品銷售上也有所不同，如 FocalPrice 主營 3C 數碼電子產品，蘭亭集勢則在婚紗銷售上占有絕對優勢。B2C 類跨境電商市場正在逐漸發展，且在中國整體跨境電商市場交易規模中的占比不斷升高。未來，B2C 類跨境電商市場將會迎來大規模增長。

代表企業有速賣通、DX、蘭亭集勢、米蘭網、大龍網。

2. 按服務類型分類

（1）信息服務平臺

信息服務平臺主要是爲境内外會員商戶提供網路行銷平臺，傳遞供應商或採購商等商家的商品或服務信息，促成雙方完成交易。

代表企業有阿里巴巴國際站、環球資源網、中國制造網等。

（2）在線交易平臺

在線交易平臺不僅提供企業、產品、服務等多方面信息展示，並且可以通過平臺線上完成搜索、諮詢、對比、下單、支付、物流、評價等全跨境網路零售購物鏈環節。在線交易平臺模式正在逐漸成爲跨境網路零售中的主流模式。

代表企業有敦煌網、速賣通、DX、米蘭網、大龍網等。

3. 按平臺運營方分類

（1）第三方開放平臺

平臺型電商通過線上搭建商城，並整合物流、支付、運營等服務資源，吸引商家入駐，爲其提供跨境電商交易服務。同時，平臺以收取商家傭金以及增值服務傭金作爲主要盈利模式。

代表企業有速賣通、敦煌網、環球資源、阿里巴巴國際站等。

（2）自營型平臺

自營型電商通過在線上搭建平臺，整合供應商資源，以較低的進價採購商品，然後以較高的售價出售商品。自營型平臺主要以商品差價作爲盈利模式。

代表企業有蘭亭集勢、米蘭網、大龍網等。

二、進口型跨境電子商務分類

1. "保稅進口+海外直郵" 模式

天貓國際在跨境這方面通過和自貿區的合作，在各地保稅物流中心建立了各自的跨境物流倉。它在寧波、上海、重慶、杭州、鄭州、廣州 6 個城市試點跨境電商貿易保稅區、產業園簽約跨境合作，全面鋪設跨境網點。規避了基本法律風險，同時獲得了法律保障，壓縮了消費者從下訂單到接貨的時間，提高了海外直郵服務的便捷性。

2. "自營+招商" 模式

"自營+招商" 的模式相當於發揮企業最大的內在優勢，在內在優勢缺乏或比較弱的方面就採取外來招商的方式以彌補自身不足。蘇寧就選擇了該模式，結合它的自身現狀，在傳統電商方面發揮它供應鏈、資金鏈的內在優勢，同時通過全球招商來彌補國際商用資源上的不足。

3. "自營而非純平臺" 模式

京東海外購在 2012 年年底上線了英文版，直接面向海外買家出售商品。2014 年年初，京東宣布為提升國際化程度，採用自營而非純平臺的方式，京東海外購是京東海淘業務的主要方向。京東控制所有的產品品質，確保發出的包裹能夠得到消費者的信賴。

4. "直營+保稅區" 模式

"直營" 模式就是指跨境電商企業直接參與到採購、物流、倉儲等海外商品的買賣流中。在物流監控、支付體系方面都有自己的一套體系。保稅物流模式的開啟會大大壓縮消費者從訂單到接貨的時間，加之海外直郵服務的便捷性，使得聚美海外購購買週期可由 15 天壓縮到 3 天，甚至更短，並保證物流信息全程可跟蹤。

第三節　跨境電子商務主要障礙及應對措施

一、跨境電子商務主要障礙

1. 通關仍是跨境電子商務交易的最大壁壘

儘管基於互聯網的信息流動已暢通無阻，然而貨物的自由流動仍然受到國界的限制，海關通過是目前跨境電子商務發展的最大壁壘。進出口貨物需要通關，這是一個國家框架下的行為準則，是跨境電子商務不可逾越的關卡。即便是小額跨境電子商務也有可能因為進出口貨物超過海關規定數量，而被要求進行申報。其間一系列煩瑣的手續及費用的支出常常成為消費者和網上賣家沉重的經濟負擔，此外，因申報不合格而使商品滯留在海關導致消費者無法收到貨品的現象也時有發生。

海關總署 2010 年發布的規定表明：個人郵寄進境物品，進口稅稅額在人民幣

50元（含50元）以下的，海關予以免徵。超出規定限值的，應辦理退運手續或者按照貨物規定辦理通關手續。而根據海關總署1994年執行的原規定，個人物品進口稅免稅額最高可達500元，相比之下，個人郵寄物品的免稅額度減少了近10倍。而此前，根據海關總署1990年原有規定，進出口貨樣和廣告品金額在400元以內的，可以申請免徵關稅。海關總署的新近政策顯然對以利用電子商務在線交易便捷性為特徵的海外代購和小額外貿進出口模式帶來一定的衝擊。為了減少海關環節對小額跨境外貿電子商務業務的影響，很多貿易商開始選擇委託通關服務，以期最大程度上地降低海關環節的成本及費用。

就國際範圍來看，制約小額跨境外貿電子商務發展的關鍵是：目前，大多數國家仍未能實現個人小額進口稅制的系統化管理，即便是同一國家的通關處理也會因為現場通關人員的業務能力不同而存在不同尺度。對於各國海關而言，對小額進出口貨物的管理如何考量本身就是一個複雜的問題，完全放開小額進出口，不利於海關控制，容易給國家造成損失；而對小額進出口管制過嚴，必然會阻礙產業的發展，也將出現更多不通過正規途徑的地下交易。如何建立健全新的小額進口稅制機制，並在一個國際性的框架下，真正實現小額跨境電子商務貿易商與消費者便捷的交易與購物，是小額跨境外貿電子商務發展中一個亟須解決的問題。

2. 跨境電子商務物流業發展仍顯滯後

電子商務較之傳統商務模式的優勢在於信息流、物流、資金流利用的高效性和便捷性。作為整個產業鏈中的上下兩環，線上商品交易與線下貨物配送兩者發展須相輔相成。正如淘寶的產生及發展帶動了境內電子商務物流的變革，圓通、申通、順風等一大批民營快遞公司的興起，使國內電子商務交易的便捷性得到極大的保證及提高。而相比之下，當前跨境外貿電子商務的快速發展卻讓準備不足的物流運輸渠道措手不及，以香港郵政小包為例，這家跨境小額交易賣家最常選用的物流渠道，曾幾度因為業務量過多，迅速達到吞吐上限，造成貨物嚴重積壓，很多依賴香港郵政的國內賣家被迫另外尋找價格更貴的物流公司。對於跨境電子商務物流企業來說，重點考量的內容除極具優勢的價格之外，還應包括服務品質與服務內容，而在跨境電子商務交易中，物流配送的及時性和安全性是影響境外買家購買體驗的重要因素，也直接關係到賣家獲得的評價水平，進而關係到賣家的銷售業績。

隨著小額跨境電子商務交易的急速發展，跨境電子商務物流業正在經歷着一場新的變革，兼顧成本、速度、安全，甚至包含更多售後內容的物流服務產品應運而生，如以海外倉儲為核心的跨境電子商務全程物流服務商已經出現。通常小額跨境物流配送需要15~30天的時間，而通過對不同賣家需求的不同貨運方式組合，這一配送時間已經大大縮短。此外，海外倉儲建設的逐步完善將提升賣家在國際貿易中的競爭地位。

跨境電子商務物流業作為現代物流業領域中的新生事物，已經展現出蓬勃發展的生機，伴隨著小額跨境電子商務交易市場的進一步成熟，跨境電子商務物流企業還將存在着巨大的上升空間。未來的跨境電子商務物流企業應該更加強調全球供應鏈集成商的角色，通過高效處理庫存、倉儲、訂單、物流配送等相關環節，整合最佳資源，爲小額跨境電子商務提供綜合性的供應鏈解決方案。

3. 跨境電子商務交易信用問題凸顯

電子商務是基於網路虛擬性及開放性的商務模式，由此產生的參與者信用不確定性已經成爲電子商務發展中的桎梏。《2010年中國網路購物安全報告》指出，2010年國內約1億在線消費者受到虛假網路信息侵害，詐騙金額高達150億元。相關機構的調研也顯示，有能力網購而不進行網購的消費者中，80%是出於信用及安全方面的擔憂。國內電子商務交易信用問題突出的同時，跨境電子商務信用問題也很嚴重：國內供應商的假冒僞劣產品成爲跨境外貿電子商務發展的頑疾，因爲侵犯知識產權而被海關扣留的仿牌產品事件時有發生，而年初國內某知名外貿電子商務網站被暴信用欺詐，更使得跨境外貿電子商務信用問題凸顯。

相比國內電子商務交易，跨境電子商務更需要完善、跨地區、跨文化的信用體制來應對複雜的交易環境。在實際操作中，由於各國法律不同且存在地區差異，缺乏統一的信用標示，各國的信用管理體系尚不能被很好地應用到跨境電子商務領域。相比信用體系建設及管理相對完備的美國及歐盟國家，我國的企業信用管理機制則顯得滯後很多。目前國內唯一最具權威、規模最大的面向中小企業電子商務的第三方信用管理平臺是信星計劃，它利用互聯網廣泛發布企業基本信用信息並以指數方式表示信息的質與量，其目的是培養國內中小企業的信用意識，提高國內企業的信用透明度。跨境電子商務信用體系建設是一項系統工程，需要各國政府及相關機構的協調配合，制定行業規範、完善認證體系以及尋求在法律框架下的信用制度安排，都將是跨境電子商務發展所需要的。

二、發展跨境電子商務的措施

1. 完善跨境網路零售支持政策

明確跨境電子商務交易的業務範圍和開放順序，建立跨境電子商務主體資格登記及支付機構結售匯市場準入制度，適時出臺跨境電子商務及支付外匯管理辦法。將跨境電子商務及支付主體納入外匯主體監管體系，有效統計與監測跨境電子商務外匯收支數據，明確國際收支統計申報主體和申報方式，規範外匯備付金管理。在政策支持方面，對電子商務出口經營主體進行分類，建立適應電子商務出口的新型海關監管模式並進行專項統計，建立相適應的檢驗監管模式，支持企業正常收結匯，鼓勵銀行機構和支付機構爲跨境電子商務提供支付服務，實施相適應的稅收政策，建立電子商務出口信用體系。

2. 積極開拓跨境電子商務市場

與國外電商企業相比，中國跨境電商行業起步較晚，因此，重視並引導企業和消費者積極參與跨境電子商務市場開拓尤爲必要。2012年年底由國家發改委、海關總署共同開展了國家跨境貿易電子商務服務試點工作，鄭州、上海、重慶、杭州和寧波5大城市的跨境電商試點使得越來越多的國內企業商户和個人消費者認識到跨境電子商務帶來的廣闊市場空間以及豐厚的利潤空間。

3. 豐富跨境電子商務平臺業務功能

跨境電商平臺信息化建設從單一的信息提供平臺轉向涵蓋海外推廣、交易支持、在線物流、在線支付、售後服務、信用體系和糾紛處理等整合服務的綜合性交易平臺。把握海外市場環境，研究消費者偏好及對貨物的需求，提升跨境電商平臺產品的豐富性和供應商的多元化，以滿足消費者需求。從政策層面鼓勵中國非金融機構進入跨境電子支付領域，利用第三方支付形態的便捷性，提升跨境支付效率。當前跨境電商物流週期通常爲一周至一個月，嚴重影響消費者體驗，因此，海外倉儲的建設以及國際物流體系的建立有助於縮短跨境電商物流週期，提升跨境網購服務質量，應根據需要科學建立海外物流倉儲系統。網路行銷與線下展業結合，實現產品與品牌的全方位行銷網路。通過與相關銀行合作，向中、小、微供應商提供小額流動資金貸款服務，爲小額跨境外貿電子商務發展創造良好的信用環境。

4. 加強跨境電子商務國際合作

面對電子商務帶來的諸如關稅與稅收、統一商業代碼、知識產權保護等一系列新問題，各國需要加強對話與合作。通過學習國外成熟的相關經驗，逐步發展狀大中國跨境電子商務。同時通過對話活動影響電子商務新貿易規則的制定，提高中國跨境電子商務的國際化水平。

5. 建立跨境電子商務海關監管新模式

建立電子商務出口新型海關監管模式並進行專項統計，主要用以解決目前零售出口無法辦理海關監管統計的問題。同時，將電子商務出口納入海關統計。支持企業正常收結匯，主要用以解決企業目前辦理出口收匯存在的困難。目前，由於海關、檢驗檢疫和收付匯等環節無法正常辦理手續，電子商務出口企業自然也無法辦理出口退稅，不利於其降低經營成本，提高國際競爭力。

6. 創新跨境電子商務出口檢驗監管模式

創新跨境電子商務出口檢驗監管模式主要用以解決電子商務出口無法辦理檢驗檢疫的問題。按照現行體制，出口企業應在產地對法檢商品進行報檢，並交納一定費用。而電子商務出口的商品具有來源地廣泛、批次多、批量小、單件金額低等特點，很難按照要求在產地進行報檢。檢驗監管模式建立後，將對電子商務出口企業及其產品進行檢驗檢疫備案或準入管理，利用第三方檢驗鑒定機構進行產品質量安全的合格評定。實行全申報制度，以檢疫監管爲主，一般工業制成品不再實行法檢。實施集中申報、集中辦理相關檢驗檢疫手續的便利措施。

7. 鼓勵銀行機構和支付機構爲跨境電子商務提供支付服務

爲跨境電商提供支付服務主要用以解決支付服務配套環節比較薄弱的問題。目前，我國銀行業與國際第三方支付機構合作力度不夠，加上我國支付企業國際化程度較低，導致本土支付企業的跨境結算服務能力較弱，尚未被海外買家普遍採用，有國際影響力的本土支付服務企業極少。新政策下，支付機構辦理電子商務外匯資金或人民幣資金跨境支付業務，可分別向國家外匯管理局和中國人民銀行申請，並按照支付機構有關管理政策執行。同時將進一步完善跨境電子支付、清算、結算服務體系，切實加強對銀行機構和支付機構跨境支付業務的監管力度。

8. 建立和完善電子商務出口信用體系

建立和完善電子商務出口信用體系主要用以解決信用體系和市場秩序有待改善的問題。部分企業在電子商務出口中不重視商業誠信，侵犯知識產權和銷售假冒僞劣產品等問題時有發生，甚至出現欺詐等違法行爲，既損害我國企業聲譽，也對我國產品國際形象帶來負面影響。

思考題

1. 什麼是跨境電子商務？它與傳統國際貿易有何區別？爲什麼傳統國際貿易必須向跨境電子商務轉型升級？
2. 國家"一帶一路"戰略與跨境電子商務有何緊密關係？
3. 跨境電子商務的特點與主要分類是什麼？
4. 跨境電子商務主要障礙有哪些？應採取什麼措施？
5. 跨境電子商務支付與物流同境內電子商務有何區別？

第七章　網路零售支付與結算

學習目的和要求

本章主要闡述傳統支付與結算方式向網路零售支付與結算方式發展的必然性、網路零售支付方式的興起、在線支付與線下支付的區別與聯繫、網上銀行的特點與運行方式、第三方支付在網路零售中存在的必要性與技術實現方式。通過本章學習，應達到以下目的和要求：

(1) 認識傳統支付存在的局限性。
(2) 瞭解並掌握傳統支付與結算方式向網路零售支付與結算方式發展的必然性。
(3) 瞭解並掌握在線支付與線下支付的區別與聯繫。
(4) 學習並掌握網上銀行的特點與運行方式。
(5) 學習並掌握第三方支付在網路零售發展中的作用與技術實現方式。

本章主要概念

支付　電子支付　移動支付　網上銀行　3A銀行　第三方支付　支付網關　帳戶支付　支付流程

第一節　網路零售支付與結算發展

一、傳統支付結算方式的局限性

對付結算方式是伴隨著商品經濟的發展而逐步出現的，現金支付結算在我國乃至全球已存在了數千年的歷史。後來，隨著英國工業革命開始，銀行的出現大大促進了商品經濟的發展與繁榮，人類逐漸進入工業經濟社會。這時，商務的規模、覆蓋範圍、涉及對象、運作複雜性等均大大增加，所以出現了諸多支付結算方式。特別是，伴隨近50年來計算機技術、通信技術、信息處理技術的進步，基於專線網路的金融電子化工具逐步在銀行業得到應用，信用卡支付、電匯、EFT等支付結算方式的出現，在一定程度上提高了銀行業務處理的自動化程度與效率。進入21世紀，人類跨入信息網路時代，電子商務逐漸成爲企業信息化與網路經濟的核心，這些工業經濟時代里產生的傳統支付結算方式在處理效率、方便易用、安全可靠、運作成本等多方面存在許多局限性。

1. 傳統支付結算方式運作速度與處理效率比較低

大多數傳統支付與結算方式涉及人員、部門等衆多因素，牽扯許多中間環節，並且基於手工處理，造成支付結算效率的低下。

2. 大多數傳統支付結算方式在支付安全上問題較多

偽幣、空頭支票等現象造成支付結算的不確定性和商務風險增加，特別是跨區域遠距離的支付結算。一些傳統支付結算方式，如現金、支票，有時還會給人身健康、安全帶來威脅，比如紙質現金與支票等均是病毒的携帶者。

3. 絕大多數傳統支付結算方式應用起來並不方便

各類支付介質五花八門，發行者衆多，使用的輔助工具、處理流程與應用規則和規範也均不相同，這都給用戶的應用造成了困難。即使使用信用卡、電匯、EFT等電子支付結算方式，由於基於不同銀行各自的金融專業網路，使用上有的還需要有專業人士用的專業應用軟件，所以在開始普及應用上就存在很大的局限性。

4. 傳統的支付結算方式運作成本較高

由於涉及較多的業務部門、人員、設備與較爲複雜的處理流程，運作成本也較高。特別是像郵政匯兑、支票等方式，不但需要設置專業櫃臺和人員進行處理，而且浪費資源。

5. 傳統支付結算方式很難滿足用户隨時隨地個性化查詢支付結算信息的要求

傳統的支付結算方式，包括目前一些電子支付方式在內，爲用戶提供全天候、跨區域的支付結算服務並不容易，或很難做到。隨著社會的進步和商品經濟的發展，人們對隨時隨地的支付結算、個性化信息服務需求日益強烈，比如隨時查閲支付結算信息、資金餘額信息等。

6. 傳統支付結算方式資金使用效率低

傳統的支付結算方式特別是中國企業比較流行的紙質支票的應用並不是一種即時的結算，企業資金的回籠有一定的滯後期，增大了企業的運作資金規模。現金的過多應用給企業的整體財務控制造成一定的困難，同樣對國家控制金融風險不利，且給偷税漏税、違法交易提供了方便。

二、支付是網路零售發展的關鍵和瓶頸

(一) 支付是網路零售發展的關鍵

網路零售的發展日新月異，令人目不暇接，但真正決定網路零售的是支付方式。在網路零售中的"四個流"（商流、信息流、資金流、物流）中，最核心的是資金流。這是因爲：

第一，互聯網爲商業交易提供了非常好的商流、信息流支撑平臺，但資金流和物流不容易通過網路來實現。

第二，任何一筆交易最後都要落實到貨幣的支付結算上來，貨幣的所有權轉移

是所有商業交易的一個核心，沒有貨幣所有權的轉移，商業交易就沒有真正完成，所以網上支付結算是網路零售最終得以實現的關鍵。

第三，如果網路零售仍舊依靠傳統的支付結算方式，不能實現實時在線支付，那麼這個電子商務只是"虛擬商務"，只是"第四媒體"、電子商情、電子合同，而無法真正實現網上成交。

第四，通過一定的網上支付結算流程設計和制度安排，網上在線實時支付與查詢也是確保交易雙方利益平衡的根本保證。

第五，網上支付結算本身具有的全天候、跨地域優勢是化解傳統支付結算方式受時空局限性大與網路零售所要求的全天候、跨地域實時支付結算與信息查詢矛盾的唯一解決方案。

(二) 支付是制約網路零售發展的瓶頸

進入21世紀，商品經濟更加發達，規模巨大，經濟全球化的深入把企業或個人的商務觸角伸展到更大的範圍，全世界均成了商業戰場。在這種背景下，高效準確、快捷安全、全天候、跨區域的商務是人們追求的目標。資金流是商務運作模式的核心環節，是政府、商家、客戶最為關心的對象，其運作的好壞直接影響到商務處理的效果，因此政府、企業以及個人對解決資金流的運行效率和服務質量的要求也越來越高。在這種背景下，特別是信息網路技術的進步，促使資金流的支付結算系統不斷從手工操作走向電子化、網路化與信息化。

作為四大流之一的資金流是決定電子商務能否安全順利、方便快捷、低成本開展的關鍵環節，其流動與處理的效率、成本高低直接關係到電子商務的開展效果，這就對支撐電子商務資金流的支付結算方式提出了更高的要求。

過去我們只認為互聯網是信息傳播新媒體，把互聯網簡單地等同於紙張、電報、電話、報紙、電視等，作為通信手段的發明，最多只認為它多一個信息的雙向傳輸互動功能，而沒有意識到互聯網與上述媒體最大的區別在於它不僅是信息傳輸的工具，而且是電子貨幣的實時在線交易傳輸的工具和支付結算信息查詢工具。互聯網正是憑藉這一強大功能，將它同其他媒體區別開來，並可代替其他媒體，而其他媒體則不能代替互聯網。過去，貨幣的所有權人對貨幣在互聯網上存儲、流動心存疑慮，這是因為那時還沒有一個讓商業交易雙方權利義務平衡、交易雙方都認可且雙贏的貨幣所有權轉移方案。現在，第三方支付工具的出現及其本身的信用化，為交易雙方的權利義務平衡找到了一個較好的解決方案。

網上支付結算操作方法煩瑣，對網上支付結算使用者的文化水平和互聯網使用能力有較高要求，這在很大程度上妨礙了網路零售交易中網上支付結算的普及和運用。

不管怎樣，電子商務是網路經濟的核心內容，是發展趨勢，基於網路特別是Internet的網路支付結算方式的發展與應用也是必然的發展趨勢。當然，這並不意味着以手工作業為主的傳統支付結算體系中應用的各種支付結算手段很快會被淘汰，特別是在中國這個具有悠久歷史的發展中國家，因爲這些支付結算工具都各有利弊，在某個階段也分別適用於不同的領域，滿足了不同的用戶需求。像現金支付，具有面對面、簡單靈活的特點，適合大量的文化層次較低的公民，在基礎設施較差的農村等，也較爲適用。

第二節　網上銀行

一、網上銀行的概念

1. 網上銀行的定義

網上銀行又稱在線銀行，是指銀行利用 Internet 技術，通過 Internet 向客户提供開户、銷户、查詢、對帳、行內轉帳、跨行轉帳、信貸、網上證券、投資理財等傳統服務項目，使客户可以足不出户就能夠安全便捷地管理活期和定期存款、支票、信用卡及個人投資等。可以說，網上銀行是在 Internet 上的虛擬銀行櫃臺。網上銀行不受時間、空間限制，能夠在任何時間（Anytime）、任何地點（Anywhere）、以任何方式（Anyway）爲客户提供金融服務，因此，網上銀行又被稱爲"3A 銀行"。

根據巴塞爾銀行監管委員會的定義，網上銀行是指那些通過電子通道提供零售與小額產品和服務的銀行。這些產品和服務包括存貸、帳户管理、理財顧問、電子支付，以及其他一些諸如電子貨幣等電子支付的產品和服務。

對網上銀行的概念可以從服務載體、服務場所和服務內容三個層次進行理解。這里的服務載體不局限於互聯網，還包括銀行的內部計算機網路、專用通信網路或其他公用信息網路。從服務場所看，網上銀行的終端既可以是計算機設備，也可以是電話等通信工具。網上銀行的服務內容包括自助銀行業務、電話銀行業務、網上銀行業務，還有新興的手機銀行業務和短信銀行業務。而網上銀行業務一般指的是通過互聯網從事的銀行業務。

2. 狹義和廣義的網上銀行

雖然目前國內外大部分銀行都有網址和網頁，但擁有互聯網網址或網頁的銀行不一定就是網上銀行。如美國排名靠前的 100 家銀行均擁有自己的網址和網頁，但是其中只有 24 家被《在線銀行報告》（Online Banking Report）列爲"真正的網上銀行"，因爲只有在這 24 家銀行的網站上，客户才可以查詢帳户餘額、劃撥款項和支付帳單。更多的網站只是提供銀行的歷史資料、業務情況等信息，並沒有提供網上銀行業務。而美國最著名的網上銀行評價網站 Gomez 則要求在線銀行至少提供以下五種業務中的一種，才可以被稱爲網上銀行：網上支票帳户、網上支票異地結算、網上貨幣數據傳輸、網上互動服務和網上個人信貸。

網上銀行有狹義和廣義之分，狹義的網上銀行又稱純網上銀行，是指能夠提供以上五種服務中的至少一種，沒有實體分支機構或自動櫃員機，僅利用網路進行金融服務的金融機構；廣義的網上銀行則包括純網上銀行、電子分行和遠程銀行。電子分行是指在擁有實體分支機構的銀行中從事網上銀行業務的分支機構。遠程銀行是指擁有ATMs、電話、專用的個人網上銀行和企業網上銀行系統，以及純網上銀行的金融機構。現在所指的網上銀行基本上沿用了廣義網上銀行的定義。我國境內網上銀行的業務，準確地講只是網上銀行業務的初級階段或傳統銀行業務的電子化延伸。

3. 網上銀行的業務框架

網上銀行是利用網路通信技術向用戶提供金融服務的銀行。當網上銀行被稱爲在線銀行時，是指利用互聯網技術，通過互聯網與客戶建立聯繫，並向客戶提供開戶、銷戶、信貸、網上證券交易、投資理財等金融產品及金融服務的新型銀行。

可以看出網上銀行是金融機構利用網路通信技術在互聯網上開設的虛擬銀行，使傳統的銀行服務不再通過銀行的分支機構來實現，而是借助技術手段在網路上實現。它開創了一種全新的銀行與客戶的交互方式，使得用戶可以不受上網方式和時空的限制，只要能夠上網，無論在家里、辦公室、還是在旅途中都能夠安全便捷地管理自己的資產和享受銀行的服務。圖7-1給出了網上銀行與客戶、商戶、電子商務和互聯網之間的關係。

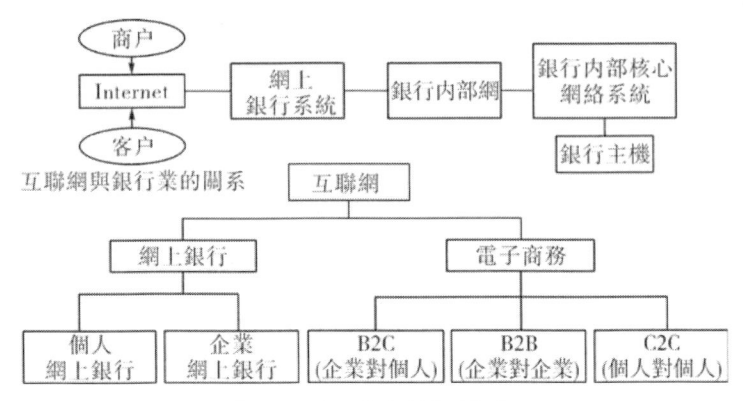

圖 7-1　網上銀行的基本框架

二、網上銀行的特點

1. 全面實現無紙化交易

以前使用的票據和單據大部分被電子支票、電子匯票和電子收據所代替；原有的紙幣被電子貨幣，即電子現金、電子錢包、電子信用卡所代替；原有紙質文件的郵寄變爲通過數據通信網路進行傳送。

2. 服務方便、快捷、高效、可靠

通過網上銀行，用戶可以享受到方便、快捷、高效和可靠的全方位服務。可在任何需要的時候使用網上銀行的服務，不受時間、地域的限制，即實現3A（Anywhere、Anyway、Anytime）服務。

3. 經營成本低廉

由於網上銀行採用了虛擬現實信息處理技術，可以在保證原有的業務量不降低的前提下，減少營業點的數量。

4. 簡單易用

網上 E-mail 通信方式也非常靈活方便，便於客戶與銀行之間以及銀行內部的溝通。

與傳統銀行業務相比，網上銀行業務有許多優勢：一是大大降低銀行經營成本，有效提高銀行盈利能力。開辦網上銀行業務，主要利用公共網路資源，不需設置物理的分支機構或營業網點，減少了人員費用，提高了銀行後臺系統的效率；二是無時空限制，有利於擴大客戶群體。網上銀行業務打破了傳統銀行業務的地域、時間限制，具有 3A 特點，即能在任何時候（Anytime）、任何地方（Anywhere）、以任何方式（Anyway）爲客戶提供金融服務，這既有利於吸引和保留優質客戶，又能主動擴大客戶群，開辟新的利潤來源；三是有利於服務創新，向客戶提供多種類、個性化服務。通過銀行營業網點銷售保險、證券和基金等金融產品，往往受到很大限制，主要是由於一般的營業網點難以爲客戶提供詳細的、低成本的信息諮詢服務。利用互聯網和銀行支付系統，容易滿足客戶諮詢、購買和交易多種金融產品的需求，客戶除辦理銀行業務外，還可以很方便地進行網上股票、債券買賣等，網上銀行能夠爲客戶提供更加合適的個性化金融服務。

三、網上銀行的分類

網上銀行發展的模式有兩種：一種是完全依賴於互聯網的無形的電子銀行，也叫"虛擬銀行"。所謂虛擬銀行就是指沒有實際的物理櫃臺作爲支持的網上銀行，這種網上銀行一般只有一個辦公地址，沒有分支機構，也沒有營業網點，採用國際互聯網等高科技服務手段與客戶建立密切的聯繫，提供全方位的金融服務。以美國安全第一的網上銀行爲例，它成立於 1995 年 10 月，是在美國成立的第一家無營業網點的虛擬網上銀行，它的營業廳就是網頁畫面，當時銀行的員工只有 19 人，主要的工作就是對網路進行維護和管理；另一種是在現有的傳統銀行的基礎上，利用互聯網開展傳統的銀行業務交易服務。即傳統銀行利用互聯網作爲新的服務手段爲客戶提供在線服務，實際上是傳統銀行服務在互聯網上的延伸，這是目前網上銀行存在的主要形式，也是絕大多數商業銀行採取的網上銀行發展模式。事實上，我國還沒有出現真正意義上的網上銀行，也就是"虛擬銀行"，國內現在的網上銀行基本都屬於第二種模式。

四、網上銀行的產生和發展

20 世紀末，計算機的普及和網路技術的成熟，帶動發展了一大批網路產業，其中多以服務業爲主。隨著金融電子化技術的應用與成熟，網上銀行也應運而生，並且很快蔓延到全球。網上銀行的出現是金融業務創新、商業流通模式進步和信息技術發展的必然結果。

五、網上銀行的業務內容

隨著互聯網技術的不斷發展創新，網上銀行提供的業務種類和業務深度都在不斷地豐富、提高和完善。網上銀行提供的業務一般包括兩類：一類是傳統的商業銀行業務品種在網路上的實現。這類業務在網上銀行建設的初期占據了主導地位。另一類是完全針對互聯網的多媒體互動的特性設計的新業務品種。這類業務以客戶為中心、以科技為基礎，真正體現了按照市場的需求"量身定做"的個性化服務特色。

網上銀行的業務分為以下幾種：

1. 基本網上銀行業務

商業銀行提供的基本網上銀行業務包括在線查詢帳戶餘額、交易記錄，下載金融業務信息，轉帳和網上支付等。

2. 網上投資

由於金融服務市場發達，可以投資的金融產品種類眾多，國外的網上銀行一般提供包括股票、期權、基金投資買賣等在內的多種金融產品的服務。

3. 網上購物

商業銀行的網上銀行設立的網上購物協助服務大大方便了客戶網上購物，為客戶在相同的服務品種上提供了多樣化的金融服務或相關的信息服務，加強了商業銀行在傳統競爭領域的競爭優勢。

4. 個人理財助理

個人理財助理是國外網上銀行重點發展的一個服務品種。各大銀行將傳統銀行業務的理財助理轉移到網上進行，通過網路為客戶理財提供各種解決方案、諮詢建議，或者提供金融服務的技術援助，從而極大地擴大了商業銀行的服務範圍，並降低了相關的服務成本。

5. 企業銀行

企業銀行服務是網上銀行服務中最重要的部分之一。其服務品種比個人客戶的服務品種更多，也更為複雜，對相關技術的要求也更高。能夠為企業提供網上銀行服務是商業銀行實力的象徵之一。一般中小網上銀行或純網上銀行只能部分提供，甚至完全不提供這方面的服務。

企業銀行服務一般包括帳戶餘額查詢、交易記錄查詢、總帳戶與分帳戶管理、轉帳、在線支付各種費用、透支保護、儲戶帳戶與支票帳戶資金自動劃撥、商業信用卡等服務，此外，它還包括投資服務等。部分網上銀行還為企業提供網上貸款業務。

6. 其他金融服務

除了銀行服務外，大商業銀行的網上銀行均通過自身與其他金融服務網站聯合的方式為客戶提供多種金融服務產品，如保險、抵押和按揭等，以擴大網上銀行的服務範圍。

六、網上銀行的個人業務

個人網上銀行是指銀行借助互聯網，為個人客戶提供金融自助服務的電子銀行。它是銀行對社會大眾提供的服務，目的是將銀行服務送到千家萬戶，使每個人都享受到由網上銀行帶來的便捷、高效的服務。

個人網上銀行為客戶提供了各種金融和非金融的服務，主要內容如圖7-2所示：

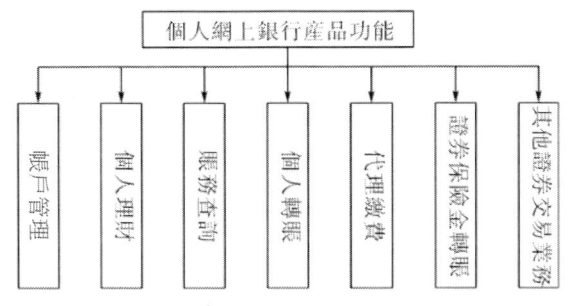

圖7-2　個人網上銀行產品功能示意圖

（個人網上銀行產品功能：帳戶管理、個人理財、帳務查詢、個人轉帳、代理繳費、證券保險金轉帳、其他證券交易業務）

1. 帳戶管理

帳戶管理主要包括帳號列出，列出個人在銀行的所有帳戶；添加帳號，將帳號納入網上銀行進行管理；隱藏帳號，將已經納入網上銀行管理的某些帳戶隱藏；設置網上交易帳號，用於網上購物、消費等。

2. 個人理財

網上銀行的個人理財主要是指個人帳戶組合、家庭理財計劃、投資與保險等。個人帳戶組合是指客戶名下帳戶之間的交易，包括活期互轉、活期轉定期、定期轉定期等；家庭理財計劃包括收支計算器、理財計劃等；投資與保險主要包括各種投資與保險計劃。

3. 帳務查詢

財務查詢主要包括信用卡帳務狀況的查詢和儲蓄帳戶狀況的查詢。

4. 個人轉帳

網上轉帳的對象是與網上銀行建立了轉帳服務協議關係的客戶。網上轉帳指的是客戶通過網上銀行的帳戶系統，對自己名下的帳戶進行自助操作，將帳戶內的資金在一定範圍內進行轉移的過程。網上個人轉帳可以分為系統內和系統外轉帳兩類。系統內轉帳流程均由網上銀行主機和業務系統主機完成，不需要人工參與。系統外轉帳是指客戶將自己名下的帳戶資金轉到系統外銀行的帳戶。總體來講，個人轉帳功能主要包含個人名下活期互轉、個人名下活期和定期互轉、網上速匯通等。

5. 代理繳費

代理繳費是一種特殊的網上自助轉帳服務，是指客戶進入網上銀行的帳戶系統將自己帳戶裏的資金直接轉移到同行開設的公用事業單位等特定的帳戶裏，從而完成電話費、水費等經常發生費用的繳納。代理繳費要求銀行必須將自己的帳戶系統與被代理單位的系統進行實時的連接，這也是與普通客戶網上轉帳服務要求的不同之處。

6. 證券保險金轉帳和其他證券交易業務

網上證券保證金轉帳是指客戶通過網上銀行系統，將資金在自己名下的活期帳戶與證券保證金帳戶之間進行互轉。客戶可以通過這一服務及時補充交易資金，還可以將閒置的證券資金調回銀行的儲蓄帳戶，避免利息的損失。

第三節　第三方支付

一、第三方支付的概念

第三方支付是指具備一定實力和信譽的獨立機構，採用與各大銀行簽約的方式，提供與銀行支付結算系統接口和通道服務的能實現資金轉移和網上支付結算服務的機構。作爲雙方交易的支付結算服務中間商，它具有"提供交易資金流服務通道"，並通過第三方支付平臺實現交易和資金轉移結算安排的功能。

在第三方支付模式中，其債權債務清算流程是：買方選購商品後，使用第三方平臺提供的帳戶進行貨款支付，並由第三方通知賣家貨款到帳、要求發貨。買方收到貨物，並檢驗商品進行確認後，就可以通知第三方付款給賣家，第三方再將款項轉至賣家帳戶上。

第三方支付服務提供商是指支付服務平臺提供商通過通信、計算機和信息安全技術，在商家和銀行之間建立連接，從而實現從消費者到金融機構以及商家之間貨幣支付、現金流轉、資金清算、查詢統計的一個平臺。這種交易完成的過程實質是一種提供結算信用擔保的中介服務方式。如圖 7-3 所示：

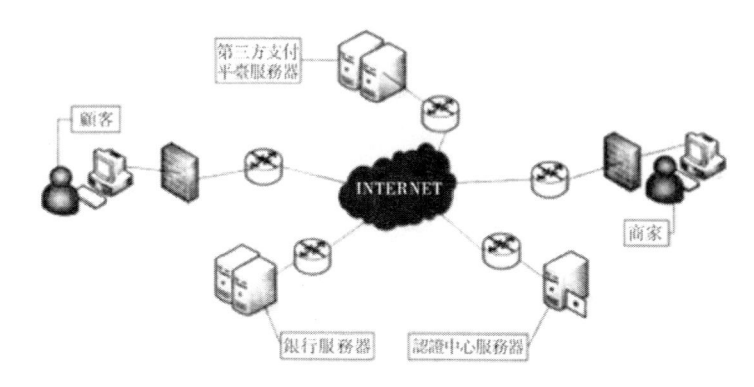

圖 7-3　第三方支付平臺帳戶支付流程圖

第三方支付平臺的盈利模式主要還是靠收取手續費。第三方支付平臺與銀行確定一個基本的手續費率，繳給銀行，然後，第三方支付平臺在這個費率基礎上加上自己的毛利潤率，向客戶收取費用。

二、第三方支付分類

目前，在我國從事此類網上支付業務的第三方支付服務公司（機構）已經多達 50 多家，其業務模式有支付網關模式——首信易支付；帳戶支付模式——支付寶。

第一類是支付網關模式，是電子支付產業發展最成熟的一種模式。包括銀行和很多第三方支付公司提供的在線支付實際都利用了銀行卡網關支付。限於這種支付形式提供的實際應用價值相對有限，而且並不十分方便，所以一定會被其他的支付方式所取代。

第二類是帳戶支付模式，比如支付寶，支付者可以通過網上的支付帳號直接進行交易。目前大多數商戶首選這種支付方式，同時這種支付方式還嵌入了數字證書之類的安全手段，加上它提供的多種配套服務以及符合中國人使用習慣的模式，使它占領了中國 B2B 以及 C2C 領域的大部分市場。

淘寶網、eBay、慧聰網都分別推出了各自基於第三方的支付工具"支付寶""安付通""買賣通"。同時，專門經營第三方支付平臺的公司也紛紛出現，如網銀在線、YeePay、支付@網、快錢網、西部支付等。

三、第三方支付交易流程

以 B2C 和 C2C 交易為例，其交易流程如圖 7-4 所示：

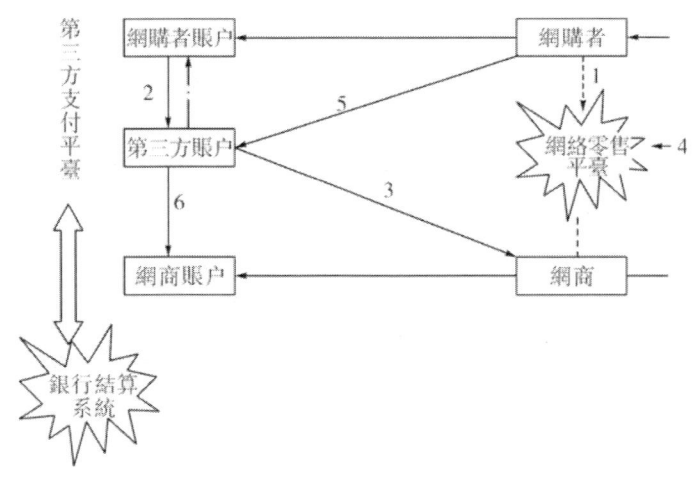

圖 7-4　第三方平臺參與的電子商務交易流程

圖 7-4 中各數字說明如下：

1 代表網購者在網路零售平臺選購網貨，與網商討價還價，最後決定購買；2 代表網購者選擇支付方式（選擇利用第三方作為交易中介），網購者用借記卡或信用卡將貨款劃到第三方帳戶，並設定發貨期限；3 代表第三方支付平臺通知網商網購者的網貨款已到帳，並要求他在規定時間內發貨；4 代表網商收到通知後按照訂單發貨，並在網路零售平臺上做相應的記錄，網購者可在網路零售平臺上查看自己所購買網貨的物流狀態，如果網商沒有發貨，則第三方支付平臺會通知網購者交易失敗，並詢問是將網貨款劃回其帳戶還是暫存在支付平臺；5 代表網購者收到網貨並確認滿意後通知第三方，如果網購者對網貨不滿意，或是認為與網商承諾有出入，可通知第三方拒付網貨款並將網貨退回網商；6 代表網購者滿意，第三方將其停留在第三方帳戶上的網貨款劃入網商帳戶，交易完成，網購者對網貨不滿，則第三方在確認網商收到退回的網貨後將網購者的網貨款劃回或暫存在虛擬第三方帳戶中等待網購者下一次交易支付。

思考題

1. 傳統支付存在哪些局限性？
2. 爲什麼傳統支付與結算方式向網路零售支付與結算方式發展是歷史的必然？
3. 在線支付與線下支付有哪些區別與聯繫？
4. 網上銀行有哪些特點？其運行方式是什麼？
5. 第三方支付在網路零售發展起着哪些作用？其技術實現方式是什麼？
6. 移動支付有哪些新的技術實現方式？
7. 支付網關在保證網上銀行支付安全中起着什麼作用？
8. 網路零售交易的支付流程是什麼？

第八章　網路零售交易規則

學習目的和要求

本章主要闡述網路零售交易規則與監管產生的經濟學原因、網規的內涵與外延、網規與傳統網路零售交易規則相比所具有的不同特點、網規存在的價值與效用、網路零售平臺網規的具體內容、網路零售市場監管的內容與目標等。通過本章學習，應達到以下目的和要求：

（1）認識網規內涵與外延。
（2）學習並掌握網規的特徵。
（3）學習並掌握網規產生的經濟原因。
（4）學習並掌握網規與傳統零售交易規則的區別與聯繫。
（5）學習並掌握網路零售平臺網規的具體內容。
（6）學習並掌握網路零售市場監管的內容與目標。

本章主要概念

網路零售市場失靈　網路外部性　網規　網路零售市場監管　平臺網規　網路零售市場監管目標　網路零售市場監管方式

互聯網十餘年的發展表明網路零售市場的發展與規則、法規的發展演變密不可分。其間有適應與調整，也有互動和摩擦。與此同時，來自網路經濟內部規則的演變也在悄悄發生，從交易到支付、從網商到平臺、從信用到消費者權益保護、從量變到質變，形成了一套不同於現有政策法規體系的內生和自治的規則。

第一節　網路零售交易規則

一、規則與監管概述

規則，是運行、運作規律所遵循的法則，一般是指由群眾共同制定、公認或由代表人統一制定並通過的，群體里的所有成員一起遵守的條例和章程。規則具有普遍性，規則也指大自然的變化規律。它有三種形式：明規則、潛規則、元規則。監管是人類社會、經濟和政治生活中一種普遍存在的現象，無論我們是否意識到，它都在現實生活中存在並發揮着作用。在漢語中，監一般有視、攝、督、察、審等含義，管一般有約束、干預、治理和懲戒等含義。在英文中，監督一詞爲"supervision"，"super"是"在上"，"visoin"是"看、觀察"的意思，兩者合起來就是上對下的觀察、指導、控制。通常意義上，監管具有廣義和狹義兩重含義。狹義的監管指政府的内部治理，即政府自身運行中的治理；廣義的監管除包括政府自身運行的治理之外，同時包括政府對社會公共事務的治理，即政府的對外職能。所以，在市場經濟條件下，政府投資監管指政府對與投資有關的主體（包括政府本身）及其行爲實行的監督和治理，主要目的是營造公平競爭的環境、保證市場機制正常發揮作用和最終實現社會資源的最優化配置。

從本質上說，政府市場監管與國家宏觀調控都是政府爲彌補市場本身固有的缺陷和局限而對市場進行的干預，兩者互爲聯繫、互相配合。國家宏觀調控是一項龐大的系統工程，它包括兩大部分職能：調節和監管。

二、網規的内涵

網路零售交易規則，簡稱網規，是指用於規範網上零售交易主體各方，按照"公開、公平、公正"和網路零售市場規範發展、競爭有序的原則，在國家法律規則和社會基本的道德規範的基礎上，制定的規範性行爲約束文件的總稱。

網規内涵有廣義和狹義之分。廣義的網規是指"互聯網商務活動相關的制度規範及商業文化"；狹義的網規是指"經由電子商務服務商與網商群體、消費者之間的互動，或是網商群體自發形成的交易規則"。這種分類和含義上的表述主要是從商務的角度進行的。在一個法治社會中，規則性質的事物最終要通過法律的視野、運用法律的思維和方法進行闡釋，才能讓網規的存在合理、合法，符合社會經濟發展規律，從而得到更有力的支撐和最終的執行。

三、網規的特點

網規是網路零售市場治理規則體系的總稱，它與"網商""網貨"共同構成新商業文明的三大支柱，以"開放、分享、透明、責任"爲特質，以調整網商、網貨、交易平臺及外部環境之間的關係爲主要内容，不斷成形、進化、衍生、升級。目前還處於發展的初級階段。

網規與現代治理理論、軟法等現代治理思想形成一個完整的現代市場治理體系，與傳統法律法規主要針對工業文明，以原子論、契約論爲基礎不同，網規是信息社會的基本規則，内生於網路企業，以比特和網路爲基礎，具有全球化、網路化、社區化、個性化、多中心等鮮明特點。

四、網規存在的價值與效用

事物存在的合理性基於其對自然和社會體系能夠起到某種效用，就是有存在的價值與特定功能。網規的價值與效用體現在以下幾個方面：

1. 網規是網路零售市場體系中的支撐性要素

在網路零售市場上，作爲市場交易三要素（網商、網貨、網規）之一的網規居於基礎性的支撐地位，這種支撐相對於社會上既存的法律規範而言，沒有國家法律法規的剛性，主要靠相互間的一致性協議或內在的利益驅動來保障實施，因此是一種軟支撐。這種軟支撐和法律法規的硬支撐一起組成了電子商務的基礎，所有網路零售市場行爲都處在這個基礎的支持和規範之下，這樣才使得紛繁複雜、豐富多樣的電子商務活動變得秩序井然、充滿向前發展的活力。

2. 網規催生新的商業和立法實踐，彌補法律局限

法律具有滯後性和穩定性的特點，表現爲新的社會實踐總是要走在立法的前面，而且要達到一定程度和規模後才會進入立法者程序，這在電子商務領域表現得尤爲突出。層出不窮的網路零售新商業模式和行爲很難在法律上找到依據，網規的出現填補了相應的空白，新的實踐得以繼續開展並繁榮下去，直到其形成一定規模進而被立法所關註。如 2004 年我國出臺的第一部真正意義上的電子商務法——《電子簽名法》系統地規定了電子證據、電子簽章的效力。今後會有越來越多的網規調整範圍內的行爲被納入法律視野，如電子合同、電子簽名、消費者保障計劃、電子商務稅收、網上糾紛仲裁等，進而網規會上升爲國家法律法規。

3. 維護與倡導網路零售市場的核心價值觀念

網路零售市場着重強調的誠信、開放、分享和社會責任等核心價值觀，同網規具有密不可分的聯繫。一方面網規對這些核心價值觀念起到維護和倡導的作用，另一方面這些價值觀念有相當大的部分會直接外化，並表現爲網規。如在網路零售市場上，最典型的就是電子商務平臺的誠信度評價機制，其作爲網規本身就是誠信理念在指導電子商務活動過程中形成的結晶。

第二節　網路零售平臺網規

一、網路零售平臺網規

網路零售平臺網規是指網路零售平臺制定的用於規範使用該平臺的各方交易行爲，保證交易合法合規進行的一系列成文性規定。它具有成文性、公開性、約束性、發展性的特點。

1. 成文性

一般是由網路零售交易平臺在廣泛徵求各方意見的基礎上，公布用於指導各方市場行爲的成文性規範性文件。一般公布在該平臺網站上。

2. 公開性

網路零售平臺網規一旦公布後，向社會公眾公開，網路零售市場交易各方通過網站、紙質文件、電子郵件等途徑查詢詳細內容。

3. 約束性

社會由種種規則維持着秩序，不管這種規則是人爲設定的還是客觀存在的，只要是規則，便具有制約性，因爲規則都具有絕對的或相對的約束力。人的行爲是一種在一定的範圍內才可以得到許可的行爲，才是可行的行爲，而不是一種完全的無拘無束的行爲，這種許可包括自然界的許可、社會的許可、他人的許可，這就是規則的制約性的表現。在這種制約性中包含着個體切身的利害關係，因此規則的制約性是普遍存在的，也是不可消除的。

4. 發展性

規則不是一成不變的。歷史上，有許多規則隨著社會的發展相繼廢立；現實中，也有許許多多的規則隨著生活的需要而不斷完善。網路零售規則也隨著時代的發展不斷變化調整。

二、電子商務平臺網規的具體內容

現以中國最大的電子商務公司阿里巴巴爲例，該公司的部分網規如下：

第一章　概述

第一條　爲促進開放、透明、分享、責任的新商業文明，保障阿里巴巴中國網站用戶的合法權益，創建、維護和諧的網路商業環境，制訂本規則。

第二條　本規則適用於使用阿里巴巴中國網站任何產品或服務（以下統稱"服務"）的用戶。

第三條　用戶在適用規則上一律平等。

第四條　用戶應遵守國家法律、行政法規、部門規章等規範性文件以及與阿里巴巴簽署的協議、阿里巴巴中國網站服務條款、網站規則。

第五條　若本規則的規定同用戶與阿里巴巴簽署的協議的約定相衝突，則優先適用雙方協議的約定。協議中未約定的，則適用本規則。本規則尚無規定的，阿里巴巴有權酌情處理，但阿里巴巴對用戶的處理不能免除用戶應盡的法律責任。

第六條　阿里巴巴有權視需要對本規則做修訂，對本規則的修訂在阿里巴巴中國網站上公告後生效。

第二章　定義

第七條　阿里巴巴：指阿里巴巴中國網站，所涉域名爲：alibaba.com.cn；alibaba.cn；1688.com；china.alibaba.com。

第八條　用戶指阿里巴巴各項服務的使用者。

第九條　會員指與阿里巴巴簽訂《阿里巴巴服務條款》並完成註册流程的用戶。一個會員可以擁有多個帳號，每個帳號對應唯一的會員。

第十條　買家指在阿里巴巴上瀏覽或購買產品或發布詢價單的用戶。

第十一條　賣家指在阿里巴巴上發布產品信息或公司信息的會員。

第十二條　信用評價指阿里巴巴中國網站會員在成功完成支付寶擔保交易後，

對每一筆交易，買賣雙方均有權對對方交易的情況進行評價，即爲信用評價。

第十三條　投訴方指發起投訴的符合相關法律規定的自然人、法人、其他經濟組織。

第十四條　被投訴方指投訴方所投訴的阿里巴巴中國網站用戶。

第十五條　反通知指被投訴方接到投訴方的投訴通知後向阿里巴巴提交的通知及相關證明材料。

第十六條　旺鋪，也稱專用網址，是賣家在阿里巴巴中國網站從事經營活動的場所之一。

第十七條　旺鋪域名指用戶可以通過點擊旺鋪域名鏈接或者直接輸入旺鋪域名進入對應的旺鋪，阿里巴巴旺鋪域名都以"＊.cn.alibaba.com"形式展示。

第十八條　處罰指用戶因自身違規行爲而被處理。具體種類包括警告、下架、刪除、降權、帳號限權、帳號關閉等。

警告指阿里巴巴通過電話、郵件等形式提醒、告誡用戶其行爲已經構成了違規，應當及時予以改正，如仍進行或不停止違規行爲，將給予更爲嚴厲的處理。

下架指阿里巴巴針對違規信息將進行信息下架，信息下架後用戶仍可進行修改，修改正確後，信息方可正常發布。

刪除指阿里巴巴針對違規信息做刪除的處理，信息刪除後用戶不可修改。

降權指用戶發布的商品信息排序被置後。

帳號限權指阿里巴巴暫停用戶包括但不限於以下權限：暫停旺鋪的訪問權限、對已發布的所有信息執行下架處理（如有）、暫停供求信息的操作權限等。被限權用戶在限權期限內服務費用（包括但不限於誠信通服務費、黃金展位費用等，如有）照常計算，服務期限不予延長。

帳號關閉指阿里巴巴終止向用戶提供任何服務，並不予退返服務費（如有）。

第三章　用戶行爲規則
第一節　註冊帳號

第十九條　用戶在阿里巴巴註冊帳號時需同意並遵守《阿里巴巴服務條款》。

用戶會員名（ID，也稱會員帳號或帳號）、旺鋪或旺鋪域名中不得包含違反國家法律法規、涉嫌侵犯他人權利或干擾阿里巴巴正常運營秩序等的相關信息。

同一個會員名只能註冊一個帳號，並且驗證該帳號有效的手機號或郵箱未用於其他帳號的驗證。

第二十條　禁止會員帳號未經阿里巴巴審核同意隨意轉讓他人或其他企業使用；隨意轉讓會員帳號的將被關閉，且轉讓方還須承擔該帳號下所有行爲的法律責任。

第二十一條　阿里巴巴有權關閉未通過身份認證或雖通過身份認證但連續超過一年未登錄的會員帳號。

阿里巴巴有權關閉涉嫌欺詐等重度違規行爲的會員帳號，並有權刪除該帳號下所有相關信息。

會員可通過阿里巴巴中國網站客服主動申請關閉其帳號。

第二節　經營信息發布/管理

第二十二條　用戶在阿里巴巴中國網站發布信息應遵循合法、真實、準確、有效、完整的基本原則，並應遵循《信息發布規則》，對自己發布的信息獨立承擔全部責任；不得包含違反國家法律法規、涉嫌侵犯他人合法權益或干擾阿里巴巴中國網站運營秩序等相關內容。

第二十三條　當交易雙方選擇並確認支付寶中介服務後，應遵循《支付寶交易通用規則》。

第二十四條　買家自付款之時起即可申請退款。自買家申請退款之時起7天內賣家未點擊發貨的，阿里巴巴將通知支付寶退款給買家。

第二十五條　買家申請退款後，依以下情況分別處理：

（一）賣家拒絕退款申請後，買家有權修改退款申請、申請客服介入或確認收貨。賣家拒絕退款申請後的15天內，如買家未做任何操作，退款申請將被關閉，交易正常進行。

（二）買家申請"不需要退貨"退款，賣家同意退款申請或在7天內未操作的，阿里巴巴將通知支付寶退款給買家。

（三）買家申請"需要退貨"退款，賣家同意退款申請或7天內未操作的，按以下情形處理：買家未在15天內點擊退貨，退款申請關閉，交易正常進行；買家在15天內點擊退貨，賣家確認收貨，將通知支付寶退款給買家；買家在15天內點擊退貨，賣家在買家點擊退貨後的15天內未確認收貨且未做任何操作，將通知支付寶退款給買家。

以上退款規則僅適用於阿里巴巴平臺上的一般支付寶擔保交易。

第二十六條　買賣雙方就交易在履行過程中產生爭議，如雙方無法協商或協商不能達成一致的，一方或雙方可申請提交阿里巴巴進行斡旋處理，阿里巴巴有權遵循《交易爭議處理規則》決定受理或不受理相關爭議，並對相關事實進行認定及對用戶的違規行為進行處罰。

第二十七條　買賣雙方有權基於真實的交易在支付寶交易成功後30天內進行相互評價，評價方需對交易結果做出真實、客觀的評價。

第二十八條　在信用評價中，30天內雙方均未評價，則雙方信用積分不變；評價人若給予四星及以上評價，則被評價人信用積分增加；若給予三星評價，則被評價人信用積分不變；若給予三星以下評價，則被評價人信用積分減少；如評價人給予四星及以上評價而對方未在30天內給其評價，則評價人信用積分增加；如評價人給予三星及以下評價而對方未在30天內給其評價，則評價人信用積分不變。具體的加減分分數，將遵循《信用評價體系規則》，根據不同的交易金額區間計算得出。

第四章　違規行爲及處理
第一節　違規行爲定義

第二十九條　違規行爲是指用戶違反阿里巴巴的網站規則或其與阿里巴巴簽訂的任何合同的行爲。

第二節　違規行爲

第三十條　違禁信息發布指用戶發布國家法律法規或阿里巴巴中國網站禁止或限制的商品信息行爲。用戶發布的商品信息一經認定屬於禁止、限制銷售商品信息，阿里巴巴將按照《違禁信息發布處理規則》處理，立即删除該商品信息，同時根據情節輕重對用戶予以警告、帳號限權直至帳號關閉等處罰。

第三十一條　違規信息發布指用戶在阿里巴巴中國網站涉嫌以下幾種違規信息發布行爲：重複信息違規、使用惡意外部軟件違規、產品標題違規、產品屬性不實、產品歸類錯誤、商品信息描述不實、無貨空掛、虛假價格違規、詢價單違規等。用戶發布的商品信息一經認定屬於違規信息，阿里巴巴將按照《違規信息發布處理規則》，根據情節嚴重對用戶予以產品信息下架、信息删除、帳號限權等處罰。

第三十二條　知識產權侵權指用戶在阿里巴巴中國網站發布的信息侵犯他人知識產權等權利。用戶發布的信息一旦收到相關侵權投訴，應及時提交反通知及證明材料，説明產品合法性，用戶應保證提供的反通知資料真實、合法、有效，若未及時提交反通知，或提交的反通知不成立，阿里巴巴將按照《知識產權侵權處理規則》，根據情節輕重對用戶予以信息删除、帳號限權直至帳號關閉等處罰。

第三十三條　不實交易方式指用戶在阿里巴巴中國網站發布的商品信息中明確支持支付寶擔保交易，但在買家與其交易的具體過程中，卻以種種理由拒絕採取支付寶擔保方式進行交易。用戶發布的商品信息一經認定屬於不實交易方式信息，立即删除該商品信息，同時將按照《不實交易方式處理規則》，根據行爲次數對用戶予以警告、帳號限權直至帳號關閉等處罰。

第三十四條　虛假交易是指用戶在阿里巴巴中國網站以不正當提升排序爲目的，提供虛構、僞造的交易憑證或在線生成虛假交易數據的行爲。一旦用戶有虛假交易的行爲，阿里巴巴將按照《虛假交易處理規則》，删除或關閉虛假交易的內容，並根據情節輕重對用戶予以警告、帳號限權直至帳號關閉等處罰。

第三十五條　惡意評價是指評價方以敲詐勒索或其他不當利益爲目的，有意在違背客觀事實的情況下給予對方三星及以下的評價行爲。被評價方收到惡意評價後可提交給阿里巴巴進行處理，阿里巴巴將按照《惡意評價處理規則》删除評價及調整相應的評價積分，並根據情節嚴重對用戶予以帳號限權直至帳號關閉等處罰。

第三節　違規行爲處理的執行

第三十六條　用戶有違規行爲的，阿里巴巴有權按照違規各處理規則對用戶予以違規扣分及處罰；同時每個自然月阿里巴巴將按照《交易爭議綜合考評規則》對賣家進行綜合累計考評，並視考評結果對達到考評處罰標準的用戶予以相應處罰。

第三十七條　用戶違規扣分將在該次扣分之日起一年後做對應清除處理（如

2011年12月31日發生違規扣分，該筆扣分將在2012年12月30日24時清除），但因扣分達到60分或以上致使帳號關閉的除外。

第四節 違規行為處理的申訴

第三十八條 因發布限制產品信息行為對阿里巴巴處理有異議的，被投訴人可依據以下流程進行申訴：

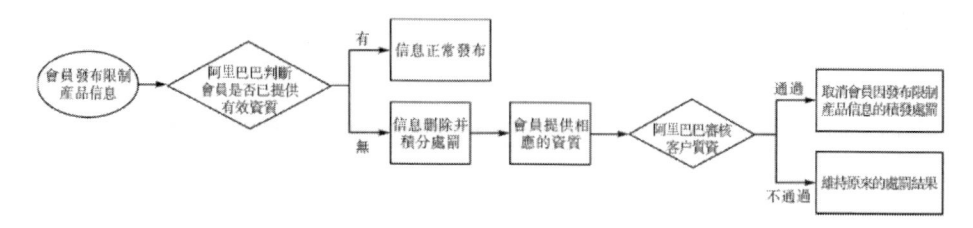

第三十九條 對知識產權侵權類的違規行為處理的申訴，被投訴人須在被投訴之日起3個工作日內提交相關證明。虛假交易的申訴，被投訴人須在被投訴之日起5個工作日內提交相關證明。逾期未提交證據或提交證據不充分的，阿里巴巴有權根據當時所掌握的情況進行判斷與處理。

第三節 網路零售監管

一、網路零售市場監管的經濟導因分析

（一）市場失靈

市場失靈構成了規制經濟學的前提。沒有市場失靈，就沒有政府規制的必要。市場失靈是相對於經濟學中的"市場成功"而言的。根據古典經濟學理論，在嚴格的市場完全競爭假設條件下，市場這只"看不見的手"能夠使資源配置效率最大化，同時社會福利達到最大化，即達到所謂的"帕累托最優狀態"。市場成功的最初描述是1776年的亞當·斯密關於"一隻看不見的手"的市場機制提出的。20世紀50年代，阿羅（K. Arrow）和德布勒（G. Dereu）用嚴格的數學方法證明了完全競爭市場的高效率。該理論有一個基本假定：市場均衡與帕累托最優。但在市場經濟比較成熟的西方國家，大企業的壟斷和過度的市場同時並存，使社會資源的配置失去了效率，社會消費的公正原則也遭到破壞，即微觀經濟學中通常所說"市場失靈"（Market Failures）。

市場失靈主要表現在公共產品（Public Goods）、外部性（Externality）、市場勢力（Market Power）（包括人為壟斷和自然壟斷）和信息不對稱（Information Asymmetry）等方面。

1. 公共產品

社會生產的產品大致可以分為兩類：一類是私人物品，一類是公共物品。簡單地講，私人物品是指只能供個人享用的物品，例如食品、住宅、服裝等。而公共物品是指可供社會成員共同享用的物品。嚴格意義上的公共物品具有非競爭性和非排他性。

非競爭性是指一個人對公共物品的享用並不影響另一個人的享用；非排他性是指對公共物品的享用無須付費。例如：國防就是公共物品，它帶給人民安全，公民甲享用國家安全時一點都不會影響公民乙對國家安全的享用，並且人們也無須花錢就能享用這種安全。

2. 外部性

外部性是指個人和廠商的一種行爲直接影響到他人，卻沒有給予支付或得到補償。市場經濟活動是以互惠的交易爲基礎，因此市場中人們的利益關係實質上是同金錢有聯繫的利益關係。例如，甲爲乙提供了物品或服務，甲就有權向乙索取補償。當人們從事這種需要支付或獲取金錢的經濟活動時，還可能對其他人產生一些其他的影響，這些影響對於他人可能是有益的，也可能是有害的。然而，無論有益還是有害，都不屬於交易關係。這些處於交易關係之外的對他人的影響被稱爲外部影響，也被稱爲經濟活動的外部性。例如，建在河邊的工廠排出的廢水污染了河流，對他人造成損害。工廠排廢水是爲了生產產品賺錢，工廠同購買它的產品的顧客之間的關係是金錢交換關係，但工廠由此造成的對他人的損害卻可能無須向他人支付任何賠償費。這種影響就是工廠生產的外部影響。當這種影響對他人有害時，就稱之爲外部不經濟。當這種影響對他人有益時就稱之爲外部經濟。比如你擺在陽臺上的鮮花可能給路過這里的人帶來外部經濟。

3. 壟斷

對市場某種程度的（如寡頭）和完全的壟斷可能使得資源的配置缺乏效率，對這種情況的糾正需要依靠政府的力量。政府主要通過對市場結構和企業組織結構的干預來提高企業的經濟效率。反壟斷（Antimonopoly 或 Antitrust）對於維持市場經濟的正常運行至關重要，甚至說反壟斷法（競爭政策的主要內容）是市場經濟條件下的"經濟憲法"也爲不爲過。但要注意，反壟斷法反對的是人爲的市場壟斷，如濫用市場勢力、不當的企業購並、嚴重影響競爭的串謀行爲等，而對自然壟斷則通常予以豁免。這方面的干預屬於政府的產業結構政策。

4. 信息不對稱

由於經濟活動的參與人具有的信息是不同的，一些人可以利用信息優勢進行欺詐，這會損害正當的交易。當人們對欺詐的擔心嚴重影響交易活動時，市場的正常作用就會喪失，市場配置資源的功能也就失靈了。此時市場一般不能完全自行解決問題，爲了保證市場的正常運轉，政府需要制定一些法規來約束和制止欺詐行爲。

(二) 規制失靈（Regulation Failure）

與市場失靈對應，政府規制時也可能出現規制失靈。導致規制失靈的主要因素有規制者任職期限、自身利益、有限理性、有限信息等，甚至出現"規制俘虜"，即規制者被被規制者"收買"。按常理說，如果市場失靈與規制失靈並存，應該"兩害相權取其輕"，但現實中情況往往並不如此。因爲政府規制是主觀的、人爲的，比如一項規章儘管已經不合時宜，但通常不會自動退出或解除，很可能還有受到既得利益者的阻礙。這是市場失靈與規制失靈的重大區別。或者說，有些情況下，政府規制的綜合效果可能反倒不如默認市場運行的自然結果。

二、網路零售市場監管的基本範疇

網路零售市場監管是指在既定的約束條件下，爲達到網路零售市場的某種預期目標，而做出的監管法規、監管組織機構、監管內容、監管方式等方面的制度安排。網路零售市場監管有廣義和狹義之分。廣義的網路零售市場監管包括三個層次：政府監管、行業自律和企業內控。狹義的網路零售市場監管僅指政府的監管，包括專業的政府網路零售監管機構、相關的金融監管部門和司法部門等擁有公共權力的政府部門對網路零售業的監督管理。

由於網路零售業的發展狀況、社會背景、金融體制、法律體制等方面的不同，各國對網路零售市場的監管內容有很大的不同，監管的層次和深度也不相同。

三、網路零售市場監管內容

網路零售市場監管的內容主要有網路零售市場主體（包括網商、網路零售交易平臺服務提供商、網購者、第三方支付服務提供商、第三方物流服務提供商）監管、網路零售市場準入與退出（包括網路零售交易平臺服務提供商和第三方支付服務提供商）監管、網路零售平臺提供商內部控制監管、第三方支付服務提供商資產負債監管、網路零售交易行爲監管等。

四、網路零售市場監管目標

1. 網路零售市場監管的意義

國家對網路零售市場進行監管有着重要的意義：

（1）國家對網路零售業進行監管，是有效地保護與網路零售活動相關的行業和公衆利益的需要。網路零售市場既是聯結供需雙方商品流通的重要渠道，也是支付金融的重要組成，網路零售市場的健康、穩定發展對社會經濟的正常、穩定運行具有很大的作用。網路零售交易平臺服務提供商或第三方支付服務提供商經營虧損或倒閉不僅會直接損害其自身的利益，還會嚴重損害廣大網商和網購者的利益，危害相關產業的發展，從而影響到社會經濟的穩定和人民生活的安定。所以，網路零售業具有極強的公衆性和社會性。

（2）國家對網路零售市場進行嚴格的監管也是培育、發展和規範網路零售市場的需要。由賣方、買方和中介人（網路零售平臺服務提供商、第三方支付服務提供商、第三方物流服務提供商）三大主體構成的網路零售市場，伴隨網路的出現而出現，並隨著網路經濟的發展而發展，有一個產生、發育、走向成熟的過程。國家對網路零售業的嚴格監管有利於依法規範網路零售活動，創造和維護平等的競爭環境，防止盲目競爭和破壞性競爭，以利於網路零售市場的發育、成熟。

（3）國家對網路零售市場進行嚴格監管也是由網路零售業的技術性與專業性特點所決定的。形成網路零售市場的要件之一是必須集合爲數衆多的賣方網商和買方網購者，並在網路零售交易平臺進行商品交易，以此形成網路零售市場。所以，參加網路零售的人數衆多、覆蓋面大、涉及面廣，而網路零售平臺和第三方支付經營具有很強的專業性和技術性，需要專門知識，作爲一般的網購者往往缺乏這方面的知識。

2. 網路零售市場監管目標

(1) 維護網路零售市場主體的合法權益

由於網購者對網商、網路零售交易平臺提供商、第三方支付服務提供商、第三方物流服務提供商以及網路零售商品的認知程度是很有限的，現實與可行的辦法就是通過法律和規則，對供給者的行爲進行必要的制約，加上一些強制的信息披露要求，讓網購者盡量知情。同時也鼓勵需求者自覺掌握盡量多的信息和專業知識，增強判斷能力，並且應當對自己的選擇和判斷承擔相應的風險。

(2) 維護公平競争的市場秩序

維護公平競争的網路零售市場秩序的目標可以理解爲第一目標的延伸。同時，監管者也要明白，自己的使命是維護網路零售市場公平競争的秩序，而不是爲了"秩序井然"而人爲地限制、壓制競争。

(3) 維護網路零售市場體系的整體安全與穩定

維護網路零售市場體系的整體安全與穩定是維護網路零售市場主體合法權益、維護公平競争的市場秩序的客觀要求和自然延伸。這里有兩點需要註意：一是維護網路零售市場體系的整體安全穩定是前兩個目標的自然延伸，而不是單一的和唯一的目標。二是維護網路零售市場體系的整體安全穩定，並不排除某些網路零售交易平臺服務提供商和第三方支付服務提供商因經營失敗而自動或被強制退出市場。監管者不應當、也不可能爲所有網路零售市場主體提供"保險"。監管者所追求的是網路零售市場的整體穩定，而不是個體的"有生無死"。

(4) 促進網路零售市場健康發展

一是要堅持全面協調可持續的發展。二是要堅持市場取向的發展。三是要堅持有秩序並充滿活力的發展。四是要堅持有廣度和深度的發展。

五、網路零售市場監管機構

1. 立法在網路零售市場監管中的角色

立法機構是網路零售市場監管機制中的第一個層次。立法機構要通過頒布法律，建立網路零售市場監管的法律基礎和法律體系，明確執行網路零售市場法律的監管機構及其法定的職責範圍。一般來說，監管事項主要包括網路零售交易平臺服務提供商和第三方支付服務提供商設立和執照許可；第三方支付服務提供商的財務報告、財務審查以及其他財務要求；網商的信息披露；對不公平交易行爲的制裁；第三方支付服務提供商的整頓和清算；等等。

2. 司法在網路零售市場監管中的角色

司法機構是網路零售市場監管機制中的第二個層次。法院在網路零售市場監管活動中扮演着重要角色：一是解決買賣雙方和中介人之間的爭議；二是通過頒布支持網路零售市場監管機構的命令和判定違反網路零售市場法律行爲的民事或刑事責任，保證網路零售法律的實施；三是處理賣方和中介人的有關申訴。

3. 行政機構在網路零售市場監管中的角色

行政機構是網路零售市場監管機制中的第三個層次。網路零售市場監管的具體職責由國家行政機構來履行。經立法機構授權執行網路零售法律的機構一般都享有廣泛的行政權、準立法權和準司法權。

六、網路零售市場監管的措施

消費是社會再生產的重要環節，也是提高人民生活水平的重要內容。商貿流通領域的平穩健康發展關乎一國經濟社會穩定發展的大局。由於網路零售市場是近幾年才出現的新生事物，現實走在了理論了前面，也走在了監管的前面，處於"先發展、後規範"的階段。僅靠網路零售市場的中的"運動員"是不行的，還必須有"裁判員"的存在，有一套較成熟完善的判決規則，而且"裁判員"本身也應受到約束。

1. 制定網路零售行業標準

當今世界，標準化水平已成為各地區核心競爭力的基本要素。一個企業，乃至一個國家，要在激烈的國際競爭中立於不敗之地，必須深刻認識標準對國民經濟與社會發展的重要意義。標準的本質是統一，它是對重複性事物和概念的統一規定；標準的任務是規範，它的調整對象是各種各樣的經濟客體。眾所周知，經濟包含主體和客體。主體是人，包括從事交易活動的所有組織和個人，他們的行為靠法律來規範和約束；客體是物，包括用來交換的成千上萬種產品與服務，它們則依靠標準來規範。從這個意義上來說，標準具有鮮明的法律屬性。它和法律法規一起，好比車之二輪，鳥之兩翼，共同保障著經濟有效、正常運行。根據標準的約束力，我國把標準分為強制性標準和推薦性標準兩大類。就強制性標準而言，它以國家強制力保障實施，本身就是一種技術法規；而後者一經接受並採用，或各方商定同意納入經濟合同中，就成為各方必須共同遵守的技術依據，也具有法律上的約束性。所以，制定網路零售行業標準是引導、促進、規範網路零售行業健康發展的一項基礎性工作。

2. 防範網路零售行業壟斷，維護競爭活力

壟斷是市場經濟健康運行的大敵，世界各國均將反壟斷作為維護經濟健康運行的重要工作。政府之所以採取反壟斷措施，主要是為了保護市場競爭，因為競爭對經濟增長和維護消費者利益都是有利的。但是競爭過程往往會引起市場結構的改變，容易導致個別壟斷集團對市場的統治，直到新的競爭者打破這種市場格局。反壟斷法規的主要作用就在於減少操縱價格、限制產量、惡意兼併或垂直一體化等反競爭行為給市場造成的不利影響，保護市場的正常運行。在反壟斷法規的實際應用中，是否擁有市場力量往往是判定企業壟斷行為的關鍵。但並不是說，企業一旦具有壟斷力量就要對其施以反壟斷措施的制裁。政府在處理壟斷時應該要搞清楚壟斷產生的具體原因是什麼，是壟斷企業運用了反競爭手段，還是憑借其自身的產品優勢。因為有一些自然壟斷企業，它所處的行業或者自身的產品由於固有的特點會導致形成單一的企業和競爭局面，在這樣的市場中，取締壟斷、促進競爭並不利於市場效率。換句話說，反壟斷政策既不會使價格降低，也不會使產品產量增加。這時，對壟斷企業或壟斷行為的控制只能是在市場的範圍內進行合理的管制。衡量一種競爭行為是否為壟斷，關鍵就是

要看這種競爭行爲對消費者的福利水平會產生什麼樣的影響。如果一種市場競爭行爲沒有減少消費者的福利，甚至還有利於消費者福利的增加，那麼就沒有充足的理由去制止這種競爭行爲。對於比較複雜的市場壟斷，要依據一定的市場規範予以割分，然後針對具體的壟斷問題採取措施，否則就會以偏概全，從而妨礙市場經濟的正常運行。網路零售市場的出現，它的壟斷也隨之出現，但相較傳統經濟模式，它具有新的特點和表現形式，因此，在網路零售行業中要反壟斷，維護網路零售市場競爭活力，這就爲傳統壟斷理論和政府反壟斷提出了新的課題與挑戰。

3. 加強行業管理，提高規避風險能力

風險有兩種定義：一種定義強調了風險表現爲不確定性；而另一種定義則強調風險表現爲損失的不確定性。風險管理是指如何在一個肯定有風險的環境裏把風險降至最低的管理過程。其中包括了對風險的量度、評估和應變策略。理想的風險管理，是一連串排好優先次序的過程，使當中的可以引致最大損失及最可能發生的事情優先處理，而相對風險較低的事情則押後處理。網路零售市場的發展作爲一個新生事物，會產生一些過去我們從未遇到過，也無法預測的風險，但是，我們要做好防範風險的準備，將風險可能帶來的損失降到最低。

4. 提高網路零售產業鏈人員素質，切實規範中介行爲

規範發展網路零售市場應以從業人員執業技術爲基礎，以職業道德爲支撐。由於網路零售產業鏈長，涉及範圍廣，執業人員需熟練掌握《憲法》《合同法》《商標法》等法律知識以及國家產業政策等各類動態知識，從業的要求較高。行業協會、政府部門應定期或不定期地開展對執業人員的培訓和學習活動，加強對網路工程師、物流師等的後續教育，同時註重執業人員的思想道德教育，進一步提高執業人員的業務素質和道德水平，切實規範中介行爲，規避業務風險、道德風險和誠信風險。

5. 加快網路零售立法，提供依法監管依據

我國網路購物立法基本處於空白狀態。由於目前很多法律法規並不完善，監管部門沒有更好的辦法從源頭上對網商、網店進行監管，因此，在實際購物消費中常常會產生各種各樣的矛盾。要引導網店健康發展和有序發展，必須從源頭上進行制度建設，即從體制和體系上進行管理。

目前，我國學者對於啓動網路零售立法的時機有兩種不同的意見：一種以參與國家商務部《網上交易管理辦法》制定的廣盛律師事務所律師劉春泉爲代表，他指出，從國家立法規律上來看，某個領域的立法往往在行業發展成熟，社會矛盾充分暴露時才會啓動。而電子商務還是一個新生的產業，網上交易涉及交易本身、徵稅等細節，立法過早並不利於行業發展。另一種以浙江省政協委員、浙江大學城市學院劉偉文教授爲代表，她認爲要規範網路購物秩序，必須盡快啓動網路購物立法工作。

《網路商品交易及有關服務行爲管理暫行辦法》已於2010年7月1號起在我國實施，這對於規範網路零售市場具有重大的意義。以後還會有更多的涉及網路零售的法律法規與管理辦法出臺。

思考題

1. 網規的內涵與外延是什麼？
2. 網規的特徵是什麼？
3. 網規產生的經濟原因是什麼？
4. 網規與傳統零售交易規則的區別與聯繫是什麼？
5. 網路零售平臺網規的具體內容有哪些？
6. 網路零售市場監管的內容與目標是什麼？

第九章　網路零售主要工具軟件

學習目的和要求

本章主要闡述網路零售主要工具軟件及其應用，包括網路零售平臺建站工具軟件、圖像處理工具軟件與應用、IM 工具軟件與應用、CRM 工具軟件與應用、APP 開發工具軟件與應用等。通過本章學習，應達到以下目的和要求：

(1) 認識網路零售與傳統零售在技術含量上的區別。
(2) 學習並掌握網路零售交易涉及的主要工具軟件及其應用。

本章主要概念

網站建站工具　圖像處理工具　IM 工具　CRM 工具　APP 開發工具

第一節　網路零售平臺建站工具軟件

一、網站開發技術

電子商務網站的開發技術所涉及的領域極爲廣泛，包括網頁設計技術、後臺管理技術、數據庫支持技術、搜索引擎技術、網頁加速技術、應用服務器管理技術、網路安全和管理技術、電子支付安全技術、APP 技術等。

二、常用的網路零售平臺開發工具

ASP（Active Server Pages）、JSP（Java Server Pages）、PHP（Hypertext Preprocessor）是三種最常用的網站開發工具。

1. ASP

ASP 全名 Active Server Pages，是一個 WEB 服務器端的開發環境，利用它可以產生和執行動態的、互動的、高性能的 WEB 服務應用程序。ASP 採用腳本語言 VBScript（Java script）作爲自己的開發語言。

2. JSP

JSP 是 Sun 公司推出的新一代網站開發語言。Sun 公司在 Java 上有不凡的造詣，在 Java 應用程序和 Java Applet 之外，又有新的碩果，那就是 JSP，即 Java Server Pages。JSP 可以在 Serverlet 和 JavaBean 的支持下，完成功能強大的站點程序。

3. PHP

PHP 是一種跨平臺的服務器端的嵌入式腳本語言。它大量地借用 C、Java 和 Perl 語言的語法，並耦合 PHP 自己的特性，使 WEB 開發者能夠快速地寫出動態頁面。

它支持目前絕大多數數據庫。還有一點，PHP 是完全免費的，用戶可以從 PHP 官方站點（http：//www.php.net）自由下載。用戶也可以不受限制地獲得源碼，甚至可以從中加入用戶自己需要的特色。

三者都提供在 HTML 代碼中混合某種程序代碼、由語言引擎解釋執行程序代碼的能力。但 JSP 代碼被編譯成 Servlet 並由 Java 虛擬機解釋執行。這種編譯操作僅在對 JSP 頁面的第一次請求時發生。在 ASP、PHP、JSP 環境下，HTML 代碼主要負責描述信息的顯示樣式，而程序代碼則用來描述處理邏輯。普通的 HTML 頁面只依賴於 Web 服務器，而 ASP、PHP、JSP 頁面需要附加的語言引擎分析和執行程序代碼。程序代碼的執行結果被重新嵌入到 HTML 代碼中，然後一起發送給瀏覽器。ASP、PHP、JSP 三者都是面向 Web 服務器的技術，客戶端瀏覽器不需要任何附加的軟件支持。

第二節　圖像處理工具軟件與應用

網頁視覺設計，是網路零售中的重要一環，它將商品的賣點、商品企劃的信息、品牌信息，通過視覺系統傳達給客戶，從而增加點擊率、提高轉化率，起着與消費者溝通，刺激消費者的購買衝動的作用，具有重要意義。

一、圖像處理工具軟件概述

圖像處理軟件是用於處理圖像信息的各種應用軟件的總稱，專業的圖像處理軟件有 Adobe 的 Photoshop 系列；基於應用的軟件有 Picasa 等。國內很實用的有大衆型軟件彩影，非主流軟件有美圖秀秀，動態圖片處理軟件有 Ulead GIF Animator、Gif Movie Gear 等。

二、圖像處理工具軟件

1. Photoshop CS6

Adobe CS6 系列中最新版的 Photoshop CS6 Extended 使用了全新的 Adobe Mercury 圖形引擎，擁有前所未有的性能和響應速度，能加快編輯速度。新增的"內容識別"工具能夠快捷地潤色、修補圖像，製作出神奇的修補效果。全新和改良的設計工具，能更快地創作出更高級的設計和影片。Photoshop CS6 還支持視頻創建，具有強大的編輯視頻素材功能。使用熟悉的各種 Photoshop 工具能輕鬆地進行視頻剪輯，然後再使用一套直觀的視頻工具製作影片。

2. 光影魔術手

光影魔術手是一款照片畫質改善和個性化處理軟件。簡單、易用，每個人都能製作出精美相框、藝術照、專業膠片的效果，而且完全免費。光影魔術手的每個功能的交互都經過了優化，特別是添加文字、添加水印、基本調整、裁剪等，簡單易用。它具有更好的操作系統兼容性，除了兼容 XP 和 Vista 系統外，還兼容 Win7 和 Win8 系統，完全兼容各類 64 位操作系統。

3. 圖像文件批量壓縮（Image Optimizer）

Image Optimizer 圖片壓縮 V5.0 綠色版可以將 JPG、GIF、PNG、BMP、TIF 等圖形影像文件利用 Image Optimizer 獨特的 MagiCompress 壓縮技術最佳化。可以在不影響圖形影像品質狀況下將圖形影像"減肥"，最高可減少 50% 以上圖形影像文件大小，讓用戶騰出更多網頁空間和減少網頁下載時間，也可利用內建的批次精靈功能（Batch Wizard）一次將大量的影像文件最佳化。

4. 去除圖片水印的小工具 Inpaint

Inpaint 是一款圖像處理器，它能去除圖片上不必要的物體。

5. Mac 圖像編輯軟件（PhotoLine）

PhotoLine for Mac 是一款功能強大的 Mac 圖像編輯軟件，軟件可以像 ACDSee 一樣快速瀏覽目錄下的所有圖片。支持 Layer，並且內建許多現成的濾鏡和特效功能，能輕鬆做出令人驚訝的影像效果。

6. 圖片文字生成器

該軟件需要在 Net 環境下運行，須安裝。文字圖片生成器（灰兔系列）的主要更新是在圖片生成的時候，去除了文字鋸齒的干擾，並在保存的時候設置了較高的質量值，使圖片的清晰度更高。

第三節　IM 工具軟件與應用

一、IM 概述

即時通信（IM，即 Instant Messaging）是指能夠即時發送和接收互聯網消息等的業務。即時通信已不是一個單純的聊天工具，它已經發展成集交流、資訊、娛樂、搜索、電子商務、辦公協作和企業客戶服務等為一體的綜合化信息平臺。隨著移動互聯網的發展，互聯網即時通信正在向移動化方向發展。

二、IM 系統

IM 系統目前有兩種架構形式：

一是 C/S 架構，採用客戶端/服務器形式，用戶使用過程中需要下載並安裝客户端軟件，典型的代表有 QQ、百度 HI、Skype、Gtalk、新浪 UC、MSN 等。

二是 B/S 架構，即瀏覽器/服務端形式，直接借助互聯網媒介、客戶端無須安裝任何軟件，既可以在服務器端進行溝通對話，一般運用在電子商務網站的服務商，典型的代表有 Websitelive、53KF、Live800 等。

三、IM 開發技術

1. 音頻技術

AAC 於 1997 年形成國際標準 ISO 13818-7。之後更先進的音頻編碼 AAC 開發成功，成為繼 MPEG-2 音頻標準（ISO/IEC13818-3）之後的新一代音頻壓縮標準。類型是 Audio。制定者是 MPEG。所需頻寬為 96~128 kbps。優點是支持多種音頻聲道組合，提供優質的音質。應用領域是 Voip。特性包括 AAC 可以支持 1 到 48 路之間任意數目的音頻聲道組合，包括 15 路低頻效果聲道、配音/多語音聲道，以及 15 路數據。它可同時傳送 16 套節目，每套節目的音頻及數據結構可任意規定。

AAC 主要應用在因特網網路傳播、數字音頻廣播，包括衛星直播、數字 AM 以及數字電視及影院系統等方面。AAC 使用了一種非常靈活的熵編碼核心去傳輸編碼頻譜數據。它具有 48 個主要音頻通道、16 個低頻增強通道、16 個集成數據流、16 個配音、16 種編排。因此，AAC 是最好的即時通信音頻編碼標準之一。

2. 視頻技術

H.264 是目前最先進的視頻技術，它最大的優勢是具有很高的數據壓縮比率，在同等圖像質量的條件下，H.264 的壓縮比是 MPEG-2 的 2 倍以上，是 MPEG-4 的 1.5~2 倍。H.264 具有許多與舊標準不同的新功能，它們一起實現了編碼效率的提高。特別是在幀內預測與編碼、幀間預測與編碼、可變矢量塊大小、四分之一像素運動估計、多參考幀預測、自適應環路去塊濾波器、整數變換、量化與變換系數掃描、熵編碼、加權預測等實現上。

3. 網路技術

P2P（點對點技術）能實現即時通信的點對點，或者一對多通訊。針對可不經過服務器中轉的音視頻應用，採用 P2P 通信技術，能穿越防火牆。使用 P2P 通信技術，可大大減輕系統服務器的負荷，成幾何倍數擴大系統容量，且不會因在線用戶數太多而導致服務器的網路阻塞。支持 UPNP 協議，自動搜索網路中的 UPNP 設備，主動打開端口映射，提高 P2P 通信效率。

4. API 接口技術

即時通信開發必須採用動態緩衝技術來適應不同網路環境（局域網、企業專網、互聯網、3G 網路），根據不同的網路狀態動態調節相關參數，使即時通信平臺在多種網路環境下均有良好的表現，並特別針對互聯網、3G 網路等應用場合進行優化，為上層應用提供視頻質量的動態調節接口、音頻質量的動態調節接口。

5. 保密技術

通用的即時通信工具的保密技術有：

（1）自定義服務器端口。服務器所使用的 TCP、UDP 服務端口均可自定義（在服務器的 .ini 文件中配置），實現服務的隱藏。

（2）加密傳輸服務器與客戶端之間的底層通信協議。

（3）服務器設置連接認證密碼。

（4）服務器內部設置安全檢測機制，一旦檢測到當前連接的客戶端有非法操作嫌疑（如內部通信協議沒有按既定的步驟進行）時，主動斷開該客戶端的連接，並記錄該連接的 IP 地址，在一段時間內不允許重新連接。

第四節　CRM 工具軟件與應用

一、CRM 概述

CRM 是英文 Customer Relationship Management 的簡寫，一般譯作"客戶關係管理"。CRM 最早產生於美國，由 Gartner Group 首先提出。20 世紀 90 年代，互聯網和電子商務得到了迅速發展。CRM 系統是一種 Web 應用軟件，公司企業可以用來組織管理關於其客戶和線索的信息。但 CRM 又不僅僅是聯繫人名單列表，它含有客戶的詳細信息以及以往與企業的交易記錄，另外還有那些客戶在銷售過程中的位置或狀態方面的信息。許多 CRM 系統可以連接財務和會計系統，幫助企業跟蹤收益和成本。它們還能提供分析技術，讓公司能夠更準確地預測顧客的未來要求。

二、CRM 系統構成

CRM 管理系統由客戶信息管理、銷售過程自動化（SFA）、行銷自動化（MA）、客戶服務與支持（CSS）管理、客戶分析（CA）系統、進銷存系統 6 大主要功能模塊組成。

三、CRM 系統開發技術

使用開源 CRM 系統只需要 Web 服務器、數據庫和瀏覽器。

1. SugarCRM

SugarCRM 是普遍使用的開源 CRM 系統，是包括 SuiteCRM 和 Vtiger 在內的另外幾款 CRM 的基礎。SugarCRM 可以履行企業客戶、線索和合同管理、報表和分析、移動支持等幾乎每一項業務職能，以及一整套行銷工具。SugarCRM 有兩個版本：主機託管版和社區版。主機託管版是付費版本，它含有三個程序包。用戶可以下載社區版，將它安裝在自己的服務器上。

2. Vtiger

Vtiger 是基於 SugarCRM 的一款軟件，它擁有 SugarCRM 的所有核心功能，在默認情況下沒有協作、任務管理和第三方集成方面的一些功能特性。

3. CiviCRM

CiviCRM 主要針對非營利機構，可與 Drupal、Joomla 或 WordPress 協同運行，能實現與現有的網站或內容管理系統的無縫對接。

4. Fat Free CRM

Fat Free CRM 是一款既簡約又實用的系統。在默認情況下，它集小組合作、行銷活動和線索管理、聯繫人名單和機會跟蹤等功能於一體，界面簡單易用。面向 Fat Free CRM 有許多插件，開發人員使用 Ruby on Rails 編程語言可編寫自有插件。

5. Zurmo

Zurmo 具有企業期望 CRM 系統提供的聯繫人管理、交易跟蹤、移動功能和報表、獎勵積分系統等功能。

第五節　APP 開發工具軟件與應用

APP 開發已經成為企業實現戰略轉型的重要手段。當下，移動互聯網市場的迅猛發展推動了企業智能管理的步伐，加快了企業開展移動互聯網行銷的趨勢。企業開發 APP 已經勢不可擋。

一、APP 概述

APP 是英文 Application 的簡稱，由於智能手機的流行，APP 指智能手機的第三方應用程序。比較著名的 APP 商店有 Apple 的 iTunes 商店、Android 的 Android Market、諾基亞的 Ovi store、Blackberry 的 BlackBerry App World 以及微軟的應用商城。

二、APP 系統

主流的四大 APP 系統是：
（1）蘋果 ios 系統版本；
（2）塞班 Symbian 系統版本；
（3）微軟 Windows phone7 系統版本；
（4）安卓 Android 系統版本。

三、APP 開發的意義

APP 軟件開發對網路零售具有重大的意義：

1. 建立自有銷售平臺

利用網站、微博、微信、移動客戶端的特點，打通社會化行銷渠道，提高品牌宣傳的滲透度。

2. 二維碼應用

通過二維碼的應用，實現從線下到線上的無縫連接。

3. 建立強大的用戶數據庫

通過會員制度，實現用戶行爲記錄分析，建立用戶數據庫。

4. 增強數據互通，構建通訊供應鏈

實現各系統的數據互通，完善通訊供應鏈。

5. 建立社會化行銷渠道

微博、微信、網站、手機客户端都是社會化行銷渠道。

四、APP 開發步驟

步驟 1：規劃應用 UI。

步驟 2：設計數據操作與存儲。

步驟 3：跳轉多頁面實現。

步驟 4：實現 Service。

步驟 5：完善特性與細節。

步驟 6：移動應用程序測試。

步驟 7：打包、簽名、發布。

五、APP 開發技術

在移動互聯網 APP 普及時代，常用的 APP 開發技術總結起來主要有以下幾種：Node.js、圖片處理、LBS 定位、AR、3D 建模、EPub 電子出版、視頻音頻、在線支付、數據傳輸加密、ERP 等。

1. Node.js

Node.js 是一個可以快速構建網路服務及應用的平臺，是基於 Socket 的即時通信的協議。

2. LBS 定位

LBS 英文全稱爲 Location Based Services，是指通過無線電通信網路或外部定位方式，獲取移動終端用户的位置信息，在 GIS 平臺的支持下，爲用户提供相應服務的一種增值業務。

3. AR

AR 是指把虛擬的圖像和文字訊息與現實生活景物結合在一起。目前，很多 AR 已經應用在 Android 和 iPhone 手機上。

4. 3D 建模

3D 建模通俗來講就是指通過三維製作軟件構建出具有三維數據的模型。

5. EPub 電子出版

EPub（Electronic Publication 的縮寫，電子出版）是一個自由的開放標準，屬於一種可以"自動重新編排"的內容。也就是文字內容可以根據閱讀設備的特性，以最適於閱讀的方式顯示。

6. 數據傳輸加密

採用 SSH 技術及其軟件來達到數字加密。通過 SSH 傳輸層協議、用戶認證協議層、連接協議層，共同實現 SSH 的安全保密機制。

7. ERP

ERP（Enterprise Resource Plan）即企業資源計劃，是指建立在信息技術基礎上，以系統化的管理思想，爲企業決策層及員工提供決策運行手段的管理平臺。

思考題

1. 網路零售爲什麼具有比傳統零售更高的技術含量？
2. 網路零售平臺建站工具軟件有哪些？如何應用？
3. IM 工具軟件有哪些？如何應用？
4. CRM 工具軟件有哪些？如何應用？
5. APP 開發工具軟件有哪些？如何應用？

第十章　傳統商貿企業轉型電子商務

學習目的和要求

本章主要闡述傳統商貿企業轉型電子商務的現狀，傳統商貿企業轉型電子商務的路徑、方式、策略等。通過本章學習，應達到以下目的和要求：
(1) 認識傳統商貿企業轉型電子商務的必要性。
(2) 學習並掌握傳統商貿企業轉型電子商務的路徑、方式。
(3) 學習並掌握傳統商貿企業轉型電子商務的策略。

本章主要概念

　　傳統商貿企業轉型　線上旗艦店　電子商務生態　電子商務2.0　全渠道零售　第三方電子商務平臺入駐　自建B2C平臺　網路推廣　流量構成　引流

第一節　傳統商貿企業轉型電子商務現狀

一、國內傳統商貿企業轉型電子商務現狀

(一) 中國傳統商貿企業轉型電子商務發展歷程

　　中國傳統商貿企業轉型電子商務發展歷程如圖10-1所示：

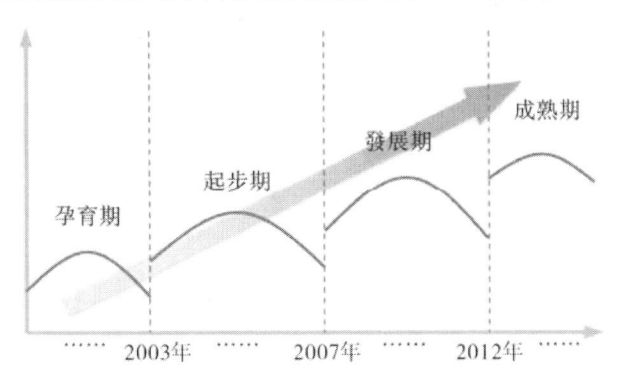

圖10-1　中國傳統商貿企業轉型電子商務發展歷程

(二) 中國電子商務平臺運作流程

中國電子商務平臺運作流程如圖 10-2 所示：

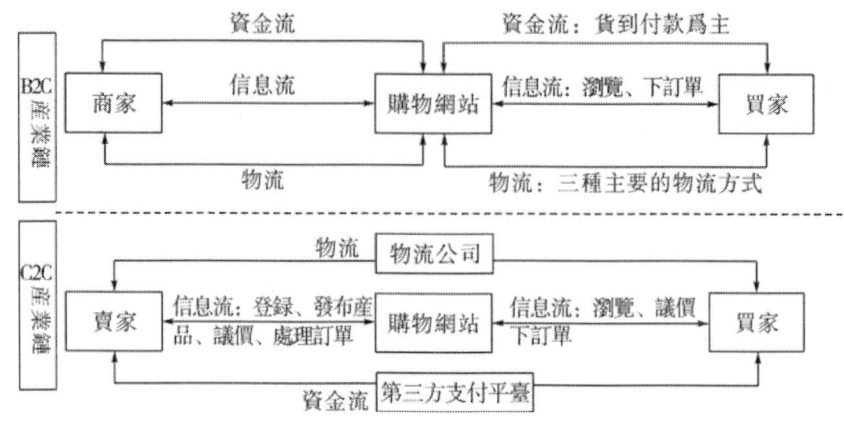

圖 10-2　中國電子商務平臺運作流程

二、傳統商貿企業轉型電子商務

(一) 傳統商貿企業轉型電子商務的意義

21 世紀，隨著網路時代的到來和新經濟時代的來臨，人們已深深地感覺到了第二次信息浪潮的衝擊，信息技術突破了單位性和地域性的局限，實現了網路化和全球化。目前，經濟上的競爭已經逐漸轉爲信息的競爭，而信息化的核心又是電子商務，電子商務作爲一種全新商務模式，代表着未來貿易方式的發展方向，也是 21 世紀主流商業與貿易形態，它正影響着人們的生活、工作、思維方式，同樣也正改變着傳統企業的生產方式和傳統的貿易方式。隨著網路經濟的發展，電子商務加速了傳統企業的轉型、資源的重組。電子商務已成爲社會各界關註的熱點，但真正把握了中國發展電子商務的特殊本質、找到了正確發展途徑、在實際運營中創造了可觀社會經濟效益的企業並不多。因此，在網路經濟時代，傳統企業轉型電子商務有十分重大的意義。

(二) 傳統商貿企業轉型電子商務的認識誤區

傳統商貿企業電商化，最重要的是結合實體店的豐富資源，如良好的購物體驗和導購服務體系以及積累的大量忠實客戶，這些都要和線上零售平臺有機地結合，實現商品展示與交易電子化、會員電子化、服務電子化、分享電子化，最後實現線上線下經營一體化。傳統零售企業要從組織架構和人才利用上爲線上線下一體化做準備，要在供應鏈各環節統一考慮線上線下一體化，要從代理商角度出發，解決好線上線下一體化的利益分配體系，只要解決好這幾件事，傳統商貿企業電商化就會更接地氣，實現多贏。企業轉型電商不能盲目跟風，一定要找好切入點。要從"線上線下商品一體化""線上線下行銷一體化""線上線下會員一體化""線上線下導購一體化""線上線下支付和資金一體化""線上線下訂單一體化"六個方面入手,實現線下資源和線上資源的融合,這樣電商化就能駕輕就熟,水到渠成。

1. 誤區一:把電商平臺當清庫存平臺

從銷售形式上看,電子商務中有批發、零售、團購、代購、秒殺、拍賣等銷售方式,它們之間的銷售力度、顧客細分、運用時機都有很大的不同。在電子商務崛起階段,價格戰是電子商務和傳統零售渠道爭奪用戶的一大法寶,也不得不承認,很多消費者網購的最初動機也是圖便宜。但是經過相當一段時間的培育,網路群體的消費特徵正呈多元化的發展態勢,不少消費者已經從淘便宜演變成淘品質和淘品牌。如果企業一味迎合消費者的低價購買心理,最終只能陷入價格戰的泥潭。值得一提的是,正是傳統商貿企業源源不斷的庫存,成就了國內的幾大電商平臺,而電商平臺反噬傳統商貿企業的渠道體系。

2. 誤區二:線上旗艦店孤立經營

目前,不少傳統商貿企業在天貓、京東、唯品會、1號店、蘇寧等平臺上開設線上品牌館或線上專賣店,但是經營業績不盡如人意。不少品牌因為擔心線上渠道和線下渠道利益的衝突,干脆創建線上專供品牌,這樣就無法充分利用既有品牌的知名度和口碑效應。還有部分企業的電子商務與傳統零售的運營沒有進行統一對接,造成商品企劃、市場行銷、客服平臺等資源的重複建設。還有部分企業,過分追求線上業績,造成線上渠道與線下渠道的價格體系混亂,出現渠道體系不穩的現象,影響企業整體業績。

傳統商貿企業電商化絕不僅僅是一個網店或品牌館的孤軍奮戰,而應該是一種全渠道零售體驗。單一渠道時代是商務的1.0時代,而商務的2.0時代是全渠道時代,線上線下的協同是大勢所趨。傳統商貿企業要有效利用所有銷售渠道,將消費者在各種不同渠道的購物體驗進行無縫對接,最大化消費過程的愉悅性,這樣既能體驗電商的優勢,如豐富的產品、搜索、比價、互動、評價等,也有實體門店的優勢,如面對面的諮詢、更佳的環境氛圍、實物的體驗和感知。也就是說,線上渠道和線下渠道的利益應該被納入企業整體經營規劃進行系統思考。

第二節 傳統商貿企業轉型電子商務策略

一、傳統商貿企業轉型電子商務初期的措施

(一) 團隊的快速組建 (初期團隊)

傳統商貿企業轉型電子商務的部門構成如圖10-3所示:

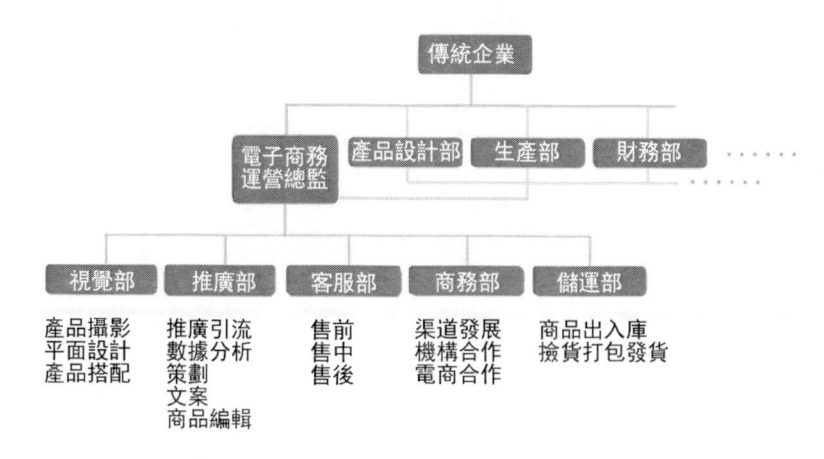

```
                          傳統企業
                             │
         ┌─────────┬─────────┼─────────┬─────────┐
      電子商務   產品設計部  生產部    財務部   ……
      運營總監
         │
  ┌──────┬──────┬──────┬──────┐
 視覺部  推廣部  客服部  商務部  儲運部
 產品攝影 推廣引流 售前  渠道發展 商品出入庫
 平面設計 數據分析 售中  機構合作 撿貨打包發貨
 產品搭配 策劃    售後  電商合作
          文案
          商品編輯
```

圖 10-3　部門構成示意圖

傳統商貿企業快速地啟動電子商務，其首要任務就是組建團隊，讓專人來負責電子商務的運營，傳統商貿企業中啟動電子商務的團隊組建如表 10-1 所示：

表 10-1　　　　　　　　　　　　團隊的組建

部　門	人員配置	工作職責
視覺部	2 人（可外包，保留 1 人做平面設計即可）	負責攝影棚的搭建、產品圖片拍攝、產品搭配、平面設計、店鋪裝修
推廣部	2（可外包，保留 1 人策劃編輯商品信息即可）	負責推廣精準引流、數據分析、行銷策劃、產品文案、商品信息的編輯與 SEO 優化，提高商品成交轉化率
客服部	3 人（可外包）	負責銷售任務的售前、售中、售後的一切事項的處理，提高詢盤轉化率以及顧客滿意度，降低商品退換率以及中差評投訴率，按照實際銷售情況制訂商品生產計劃
商務部	1 人（可由銷售組和推廣組兼職）	渠道發展、服務機構的合作、電商之間的合作
儲運部	暫定 2 人（初期與公司傳統業務共倉，年營業額上千萬時可租用專業的物流倉，至少要分倉）	負責商品的入庫檢查和出庫檢查，按照每日的訂單迅速、準確、高質量地打包發貨，配合銷售組進行退換貨的處理
運營總監	1 人	團隊管理打造與培訓、戰略規劃、運營實施、項目監督、協調與組織、企業文化建設以及執行領導安排的臨時工作

自建團隊初期，可對公司人力資源進行整合。比如：儲運組可由公司原儲運兼職，商務組可由銷售組與推廣組共同兼職，視覺組可保留 1 名平面設計師，攝影及搭配可外包完成，至此，團隊人數為 5 人即可（僅限於啟動配置）。

如果採用部分外包，快速啓動僅需要 5 人，約一周時間就能完成基本上線，讓更專業的服務商來做專業的事情，這樣不但加快了速度，更爲企業節省了人力成本。當電商市場打開後，則相應業務逐步回收，培養企業自己的專業團隊。

(二) 績效、薪資、激勵

1. 績效

銷售組由專業的客服績效考核系統在線完成考核，通過詢盤成交轉化率、顧客滿意度、銷售指標完成情況、響應速度、規範用語等多項考核指標進行考核，考核成績與薪水直接掛勾。

其他組由公司内部進行績效考核，考核成績與薪水直接掛勾。

對客服部，根據顧客詢盤轉化率、響應速度、顧客滿意度、好評率、退換率等指標進行考核。

對推廣部，根據引入 UV 量、成交轉化率、廣告費用的預算控制等指標進行考核。
對視覺部，根據完成的速度、質量、數量、出錯情況等指標，進行提成獎勵計算。
對商務部，根據渠道拓展完成指標、合作狀況等進行考核。
對儲運部，根據打包發貨速度、數量、質量、錯誤率等指標進行考核。

2. 薪資

三大職層是：高層、中層、基層。

四大職類是：管理類、技術類、銷售類、輔助類。

採用底薪+ KPI 考核+提成的方式計薪。

提成的 70%按月發放，30%年底發放。

對銷售類按完成指標 60%～100%計標準提成，超額完成指標給予獎勵提成，不足 60%不予計提成，其提成比例如表 10-2 所示：

表 10-2　　　　　　　　　　不同銷售類別提成比例

銷售類型	銷售類別	提成比例	銷售類別	銷售類別	提成比例
直營	日常銷售	2%	渠道分銷	網内分銷	2%
	大型活動	1%		網外分銷	1%

註：其他各職位薪資標準與提成另行詳細制定。

3. 激勵

(1) 目標激勵。設立切實可行的目標。
(2) 數據激勵。公布考核數據、引導競爭。
(3) 領導行爲激勵。容人之量、願景解釋力、精神感召力。
(4) 獎勵激勵。常新的物質、精神獎勵。

以直營、入駐、分銷三種形式作爲主要銷售渠道。

直營是指以 Tmall、C 店等進行直營。

入駐是指以京東、蘇寧易購、1 號店、QQ 商城、當當等爲銷售平臺。

分銷是指讓商品全面進入分銷平臺，全網招商，給予足夠吸引力的折扣和銷售獎勵，讓商品進入更多的賣家店鋪，做一件代發。見圖 10-4：

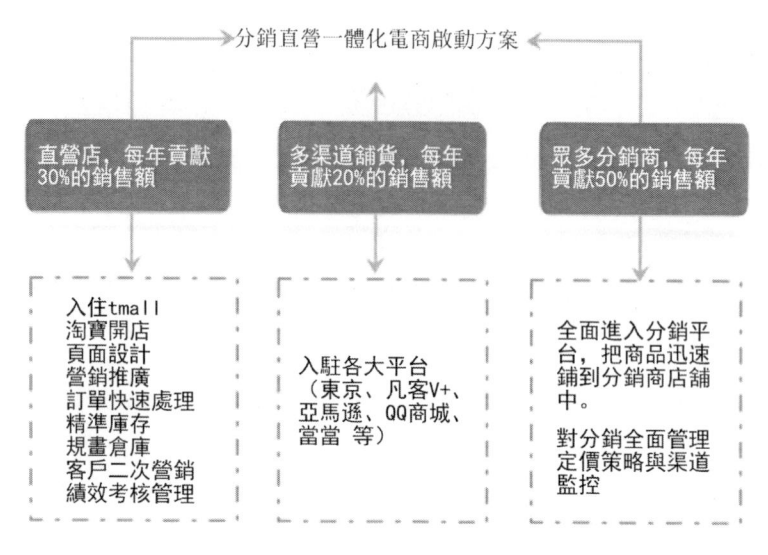

分銷直營一體化電商啟動方案

```
┌─────────────────┐   ┌─────────────────┐   ┌─────────────────┐
│ 直營店，每年貢獻  │   │ 多渠道鋪貨，每年  │   │ 眾多分銷商，每年  │
│ 30%的銷售額      │   │ 貢獻20%的銷售額  │   │ 貢獻50%的銷售額  │
└─────────────────┘   └─────────────────┘   └─────────────────┘

入住tmall              入駐各大平台          全面進入分銷平
淘寶開店              （東京、凡客V+、      台，把商品迅速
頁面設計               亞馬遜、QQ商城、     鋪到分銷商店鋪
營銷推廣               當當 等）            中。
訂單快速處理                                 對分銷全面管理
精準庫存                                     定價策略與渠道
規畫倉庫                                     監控
客戶二次營銷
績效考核管理
```

圖 10-4　分銷直營一體化電商啟動方案

理想化銷售額占比是：直營店貢獻 30%的銷售額，平臺渠道貢獻 20%的銷售額，分銷渠道貢獻 50%的銷售額。具體按實際發展情況進行相應的調整，逐步達到最佳占比。

(三) 推廣策略

網路推廣是指通過互聯網手段進行的宣傳推廣等活動。與網路推廣相近的概念有網路行銷、網站推廣、網路廣告等。

網路行銷偏重於行銷層面，更重視網路行銷後是否產生實際的經濟效益。而網路推廣重在推廣，更註重的是通過推廣後給網站帶來的網站流量、世界排名、訪問量、註冊量等，目的是擴大被推廣對象的知名度和影響力。網路行銷中包含網路推廣這一步驟，而網路推廣是網路行銷的核心工作。網站推廣是網路推廣中極其重要的一部分，因為網站是網路的主體。

網路推廣是目前投資最少、見效最快、效果最好的擴大知名度和影響力的形式，是被推廣對象通過網路提高知名度，實現預期目標的最有力保證之一。

精準推廣引流，把廣告精準地投放給目標客戶群。只有精準推廣才能提高成交轉化率。常用的推廣工具有淘寶站內推廣（直通車、鑽展、硬廣、超級賣霸、淘客、各種活動等）、社會化媒體（微博、社區、論壇、SNS、搜索引擎、QQ、廣告聯盟等）。

精準引流初期階段，商業流量會在 60%~80%，隨著運營流量逐步穩定，有一定的積累後，再慢慢調整，向 30%的標準靠攏。

(四) 傳統商貿企業切入電子商務模式

傳統商貿企業切入電子商務模式如表 10-3 所示：

表 10-3　　　　　　　　　　傳統商貿企業切入電子商務模式

銷售模式	特　點	優　勢	不　足
批發模式	通過全國主要大型批發市場的批發商銷售貨品	利用批發市場全國銷售網點多、輻射面廣的特點，將產品在市場上快速鋪開，迅速實現資金回籠	不利於品牌創立、維護與形象提升，對公司長遠發展不利
代理商模式	將全國劃爲若干區域，每個區域設立代理商，企業授權代理商全權負責該區域內的產品銷售，由代理商發展和管理下屬終端商	節約品牌銷售渠道拓展成本和管理成本，發揮代理商的積極性和主動性	在品牌推廣與貨品管理上不易控制
特許加盟模式	以特許經營權爲核心，由公司總部直接發展終端加盟商，或由特許區域商發展終端加盟商，按照統一的模式進行銷售	品牌管理標準化、系統更新及時	對加盟雙方的協同要求較高，加盟商的自由度受到很大限制
直營模式	企業自己選擇合適的店鋪經營並管理店鋪	較好地體現品牌形象、容易實現垂直管理和精細化行銷，市場計劃執行力強，能夠最準確地掌握市場信息	初始投資成本較高，終端管理能力要求較高
團購模式	公司團購行銷部分直接與大型企業接洽，簽訂公司司服、職業裝定做合同	資金回籠穩定快捷，存貨周轉時間短	對公司團購行銷團隊的要求較高
網路銷售模式	利用品牌與互聯網開展網上銷售	減少銷售環節，節約實際銷售成本，信息採集及時，物流快捷	不能克服實體店購物的優勢，相關法律體系不健全、網上交易存在安全隱患
C2C 模式	利用淘寶等 C2C 平臺銷售的小買家，產品一般都是低端或外貿庫存壓單產品	價格低，容易吸引低端消費者	規模小，不容易形成明顯的產品優勢
B2C 模式（品牌入駐）	擁有正規產品銷售權限的合法公司，入駐大型的 B2C 平臺，產品質量獲得保證	可以通過平臺的影響力，得到更多得認可，獲得更多的銷售機會	對平臺的依賴度大

(五) 企業自身 SWOT 分析

企業自身 SWOT 分析如表 10-4 所示。

表 10-4　　　　　　　　　　企業自身 SWOT 分析

	優勢（Strength）： 清晰的戰略定位； 良好的團隊建設； 一定的品牌知名度； 節省大量的渠道成本； 極少的庫存成本； 實體工廠的支撐	劣勢（Weakness）： B2C 網站開啓後，需要一個被消費者認可的過程
機會（Opportunity）： 新消費模式的出現； 網上直銷巨大的發展空間； 減少中間商帶來的高額利潤； 自產自銷，產品質量保證	SO： 抓住網上直銷新發展模式，占據先機； 快速擴大品牌知名度，做同類鰲頭； 積累資本，尋找穩定長足的發展戰略	WO： 擴大新消費群體，增加消費人群； 同時加強顧客溝通，提高消費者品牌忠誠度
威脅（Threats）： 傳統商貿企業的發展； 直銷門檻過低，大量新競爭者	ST： 細分市場，抓住特定的消費群體； 通過自身快速發展，併購其他直銷企業	WT： 避免與發展起來的強勢 B2C 直接競爭； 保證充足的企業運營資本； 通過對上下遊產業鏈的控制，保證產品質量； 必要的市場調查，清楚消費者滿意度

（六）運營階段戰略

運營階段任務與戰略如圖 10-5、圖 10-6 所示：

所處階段	網站建設階段	網站完善、整體試運營階段	網站運營中期	網站運營後期	網站長遠規劃
階段任務	保證網站的流暢、穩定運轉，網站內容基本完整	形成自己的網站風格、提高網站的流量	提高用戶轉化率、培養客戶的黏性、增加網站會員商家的數量	開拓市場，爲占領市場做準備。	占領行業網絡市場，推進世界範圍內行業發展
運營重點	網站平臺搭建完成，廣告位贈送（短期）	平臺完善，內容維護及時	出售廣告，提供企業級服務，擴大網站影響	增強影響力，樹立網站形象，使網站盈利	一年盈利，二年融資，三到五年上市
	1月 2月 3月	4月 5月 6月	7月 8月 9月	10月 11月 12月	1年 …

圖 10-5　運營階段任務

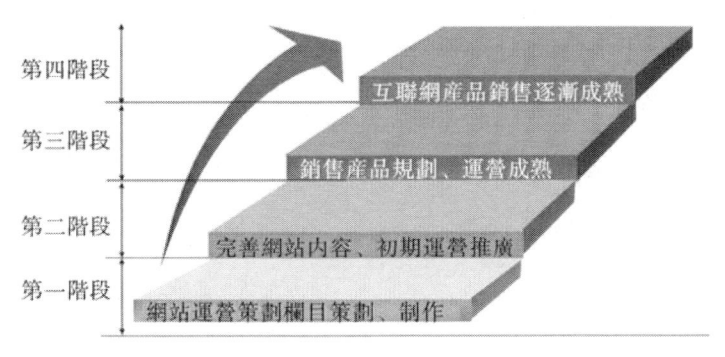

圖 10-6　運營階段戰略

二、國內傳統商貿企業轉型電子商務的通常策略

（一）要放棄電子商務從自建企業 B2C 平臺起步的想法

中國 B2C 的發展模式不同於歐美日韓，不是從企業 B2C 發展起來的，而是從第三方 C2C 平臺發展起來的，這個第三方 C2C 平臺就是淘寶。淘寶占據了中國網路零售市場 78% 的份額，其經常性的逛街人流超過 1 000 萬人，淘寶所屬的支付工具支付寶已經成了中國網路購物支付的遊戲規則制定者。

（二）要放棄網路銷售等於直銷的想法

其實網路市場更適於傳統商貿企業擅長的分銷模式。電子商務業界流傳一個說法：人人都是分銷商。

（1）備案經銷商網店渠道。實質就是品牌廠商自己的渠道商在平臺型購物網城上開的網店，目前最主力的出貨平臺就是淘寶。

（2）"梁山招募"獨立網店渠道。就是那些通常所說的 C2C 中的前面的大 C。由於這些人起步早，通過經驗累積成為網售平臺上的大賣家。也有些獨立網店渠道是從經銷商處拿貨，逐步發展起來的。

（3）嫁接 B2C 渠道。也就是那些垂直型的網路商城，如 3C 類的京東商城、新蛋網，百貨型的卓越亞馬遜、當當，母嬰類的紅孩子，箱包類的麥包包等。

（三）要建立線上線下資源整合的電子商務體制

1. 豎旗商城

完成上面兩步後才可以自建獨立域名的網上商城。因為前面兩步已經幫你訓練了團隊、磨合了流程、形成了線下線上兩條渠道的平衡管理方法、機制，最重要的是，藉由淘寶、分銷商積累起自己的用戶數據庫，這時候企業所需要做的就是把用戶購買路徑順滑地平移到自己的獨立商城來。方法有很多，如有些促銷活動只有企業獨立商城才有等。

2. 構建集中交易的後臺系統

有了獨立域名的電子商城，企業不僅僅要利用新渠道吸引客戶，增加近期利潤，還要通過網路進行企業資源的有效整合。把電子商務作為企業 E 化的引擎，並在這個引擎的帶動下進行多方面的資源整合。

(四) 不建議介入電子商務領域的傳統商貿企業

(1) 高層不重視。
(2) 線下核心團隊成員思維固化，沒有二次創業奮鬥的覺悟與心態。
(3) 線下業務不穩固，成長性低。
(4) 產品市場同質化嚴重，品牌差異化不高。
(5) 希望線上業務短中期內貢獻較大業務份額。
(6) 沒有結合自身，進行可行性論證的電商業務推進時間表。
(7) 沒有好的運營，也找不到好的運營。

可以等到線上商業模式成熟，且輕易可複製，行業人才儲備和人才流動比較充分的時候，介入網路零售業務。

思考題

1. 傳統商貿企業為什麼必須向電子商務轉型？
2. 傳統商貿企業轉型電子商務應採取什麼樣的路徑與方式？
3. 傳統商貿企業轉型電子商務的策略有哪些？
4. 電子商務生態的內涵是什麼？
5. 什麼是電子商務 1.0，什麼是電子商務 2.0？二者有何區別？
6. 全渠道零售的內涵是什麼？
7. 第三方電子商務平臺入駐與自建 B2C 平臺有何區別？
8. 網路推廣對電商平臺有何意義和價值？如何做網路推廣？
9. 電商流量構成是什麼意思？如何為電商平臺或網店引流？
10. 如何提高電商平臺或網站的轉化率？

第十一章　O2O 智慧商圈

學習目的和要求

本章主要闡述傳統商圈與智慧商圈的定義、各自的特點，傳統商圈面臨的挑戰以及向智慧商圈轉型升級的必要性。通過本章學習，應達到以下目的和要求：
(1) 認識傳統商圈。
(2) 認識智慧商圈的特徵和服務內涵。
(3) 學習智慧商圈的建設內容。

本章主要概念

傳統商圈　智慧商圈　O2O　互聯網+　服務2.0　定制服務　智慧商圈服務系統

第一節　傳統商圈

一、商圈的定義

商圈，是指商店以其所在地點為中心，沿着一定的方向和距離擴展，既是吸引顧客的輻射範圍，也是來店顧客所居住的區域範圍。商圈由核心商業圈、次級商業圈和邊緣商業圈構成。傳統商圈是一個地域空間概念。

二、傳統商圈的要素

商圈必需的要素包括消費人群、有效經營者、有效的商業管理、合理的發展前景和政府支持，此外還有商圈的形象、功能、建築形態以及建築成本等。

三、傳統商圈的決定因素

(一) 店鋪的經營特徵

經營同類商品的兩個店鋪即便同處一個地區的同一條街道，其對顧客的吸引力也會有所差異，相應的商圈規模也不一致。那些經營靈活、商品齊全、服務周到、在顧客中樹立了一種屬寄生性質的店鋪，本身並無商圈，完全依靠因其他原因或前往其他店鋪購物而隨機光顧的顧客。

(二) 店鋪的經營規模

隨著店鋪經營規模的擴大，它的商圈也隨之擴大。因為規模越大，它供應的商品範圍越寬，花色品種也越齊全，因此可以吸引顧客的空間範圍也就越大。商圈範圍雖因經營規模而增大，但並非成比例增加。

(三) 店鋪的商品經營種類

經營傳統商品、日用品的店鋪，商圈較經營技術性強的商品、特殊性（專業）商品的店鋪要小。

(四) 競爭店鋪的位置

相互競爭的兩店之間距離越大，它們各自的商圈也越大。如潛在顧客居於兩家同行業店鋪之間，各自店鋪分別會吸引一部分潛在顧客，造成客流分散，各自商圈都會因此而縮小。但有些相互競爭的店鋪毗鄰而設，顧客因有較多的比較、選擇機會而被吸引過來，則商圈反而會因競爭而擴大。

(五) 顧客的流動性

隨著顧客流動性的增長，光顧店鋪的顧客來源會更廣泛，邊際商圈因此而擴大，店鋪的整個商圈規模也就會擴大。

(六) 交通地理狀況

交通地理條件是影響商圈規模的一個主要因素。位於交通便利地區的店鋪，商圈規模會因此擴大，反之則限制了商圈範圍的延伸。自然和人為的地理障礙，如山脈、河流、鐵路以及高速公路等會極大地截斷商圈的界限，成為商圈規模擴大的巨大障礙。

(七) 店鋪的促銷手段

店鋪可以通過廣告宣傳、開展公關活動以及廣泛的人員推銷與營業推廣活動不斷擴大知名度和影響力，吸引更多的邊際商圈顧客慕名光顧，隨之店鋪的商圈規模也會快速擴張。

四、傳統商圈轉型升級

(一) 傳統商圈面臨的問題和挑戰

當前，許多地區的傳統商圈正在遭遇嚴重的"中年危機"，轉型升級勢在必行。傳統商圈面臨的挑戰主要來自三個方面：

一是隨著新型城鎮化的快速推進，一些過去自發形成的老商圈的物業逐漸老化，在環境上需要提檔升級。

二是區域內其他商圈對傳統商圈形成了分流。

三是隨著網路零售的迅猛發展，新的電子商務業態出現並發展，終端消費者的消費行為發生了巨大變化。新一代"90後"天然就是"電商動物"，如何適應他們的消費理念和消費方式，是傳統商圈必須思考的問題。

(二) 傳統商圈轉型智慧商圈

傳統商圈必須適應互聯網給商貿流通帶來的新變化，應用新技術、新模式實現傳統商圈的轉型升級。

第一，互聯網給傳統商圈錦上添花，爲傳統商圈的發展插上了翅膀。在"互聯網+"時代，傳統商圈要更好地與互聯網融合，探索服務新模式，讓消費者在實體購物環境中也能夠享受到電商、APP帶來的便利，獲得更好的消費體驗。

第二，傳統商圈依然具有難以替代的優勢，其競爭力來自"體驗經濟"。人是社會性動物，實體店的體驗式消費環境，可以滿足人們對家庭和社會交往的需求。

第三，傳統商圈應借助"互聯網+"形成自己的特質，創造增量，把流失的客群重新拉回來，甚至吸引本區域之外的消費者來消費。

第二節　O2O 智慧商圈

一、智慧商圈的定義

智慧商圈是一個以互聯網、移動互聯網、大數據和雲計算等爲基礎，涵蓋"智慧商務""智慧行銷""智慧環境""智慧生活""智慧管理""智慧服務"的智慧應用大平臺。智慧商圈是智慧城市的重要組成部分，智慧城市是新一代信息技術支撐、知識社會創新 2.0 環境下的城市形態，是繼數字城市之後信息化城市發展的高級形態。

二、智慧商圈的特徵

智慧商圈具備五大特徵：O2O 線上與線下結合、全面透徹的感知、寬帶泛在的互聯、智能融合的應用以及以人爲本的可持續創新。通俗地說，智慧商圈是以傳感技術爲感知器官，以寬帶泛在網路爲神經網路，以大數據、雲計算技術爲大腦，實現對海量數據的存儲、計算與分析，最終，基於以人爲本的理念，實現經濟、社會、環境的可持續發展。

三、智慧商圈服務內涵

構建智慧商圈服務的理論基礎是在傳統商圈被動服務 1.0 基礎上的主動服務 2.0。該理論包含四個方面內容：主動服務、立體服務、智能位置服務以及個人隱私服務。

主動服務，是服務 2.0 的靈魂。主動服務本質上是爲了給予消費者猶如"老主顧"般親切、貼心的定制化服務。在智慧商圈，每一位消費者都可以享受到同樣品質的個性化服務。

立體服務，意味著更豐富的商業服務選擇。衆多提供商業資訊或商業服務的服務提供商都可以在智慧商圈落腳，而消費者，將基於統一的平臺，享受到服務商的全方位服務。

　　智能位置服務，是智慧商圈在傳感技術方面的"智慧"體現。借助無所不知的傳感技術，無論消費者身在哪里，智慧商圈都能發現他，識別他的身份，並借此引導商家爲其提供定制化服務。

　　個人隱私服務，是智慧商圈的安全圍籬。無論信息技術如何發展，安全始終必須走在前面。在智慧商圈，無論是個人，還是商家，都需要獲得全方位的安全隱私保護。特別是作爲"上帝"的消費者，在開放個人信息、享受個性化服務的同時，必須受到最好的個人隱私保護。

四、智慧商圈服務系統構成

（一）智慧商圈服務系統

　　智慧商圈服務系統運行於 Internet 網，通過智能手機的移動應用爲商圈的商城、商家、消費者搭建一個服務平臺，同時可對接團購網、到家服務等第三方平臺，系統可由商圈管委會協調商城、商家、電信運營商，投資建設並負責運營。

（二）服務對象及功能

　　智慧商圈服務對象及功能如圖 11-1 所示：

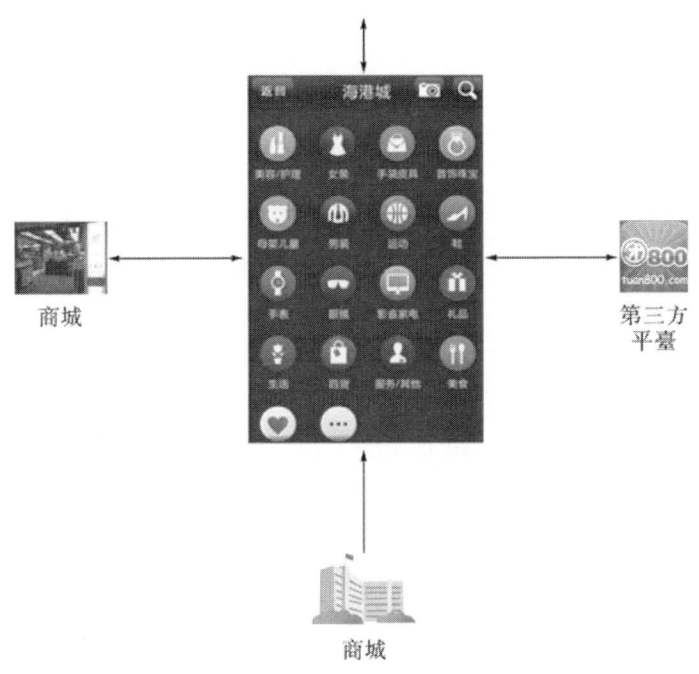

圖 11-1　智慧商圈服務系統構成

1. 商城服務

傳統商圈一般可劃分爲商城或商域（即一定區域範圍内的非商城的平街商鋪），每一個商家歸屬於一個商城或商域。按商城或商域建立商圈電子地圖，商城或商域可關聯百度地圖進行顯示和導航。商城或商域的地圖和商家信息一部分缺省直接加載於移動應用，一部分由用户進行有選擇下載。見圖 11-2：

| 商圈地圖 | 商城或商域下載 | 商城或商域地圖 |

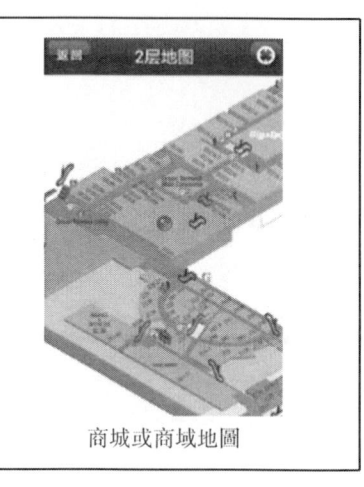

圖 11-2　商圈電子地圖

可在商城首頁發布優惠活動的最新信息。見圖 11-3：

圖 11-3　發布優惠活動信息

為商城建立商城地圖服務，其他的則為商城內的商家、消費者提供如"商家""消費者"服務功能。

2. 商家服務

在系統中發布店鋪分類、店鋪名稱、照片、簡介（包括商品、品牌信息等）、聯繫電話、具體地址（可定位於商城或商域的地圖上）、營業時間、房間或人均消費價格（住宿或飲食）、網址等信息。見圖 11-4。

圖 11-4　商家服務

系統自動對店鋪簡介進行數據挖掘，在完全無人監管的方式下使用數據挖掘和機器學習技術，將店鋪簡介轉化爲與商品相關的值，來擴大分類的覆蓋範圍，實現服務的主動推送。

3. 消費者服務

可根據消費者當前位置，在百度地圖上分類查看周邊的商城或商域。

可根據消費者當前位置，顯示臨近的店鋪列表（室內位置的定位、人的位置、店鋪的位置）。

消費者可查看購、食、住的信息。比如，消費者可收藏自己喜愛的店鋪，對所到店鋪進行簽到，可分享心情到新浪或騰訊微博。

系統可根據當前時間、消費者當前位置、消費者習慣（已記錄的商鋪喜愛信息與分享記錄），向消費者推送適當的店鋪信息（按店鋪分類和店鋪商品系統自動分類）。

系統可根據消費者當前位置、消費者停留時間、靠近消費者商鋪的擁擠程度，向消費者推送附近類似商鋪的信息。

(三) 建設內容

1. 商圈無線網

在關鍵區域提供免費無線網公共服務，加強智慧商圈的使用。

2. 支撐平臺

包括服務器、存儲、安全、系統軟件等。

3. 軟件開發

包括軟件開發、運維、商圈地圖、商城地圖的建立與維護。

4. 內容服務

包括商圈、商城、商鋪信息的建立與維護（對商圈所有商城、商鋪進行登記——

拍照、信息採集等），對註冊消費者的維護。

　　5. 宣傳推廣

　　智慧商圈服務系統如需達到使用效果，必須進行宣傳推廣，需在商圈關鍵位置設立"宣傳窗口"（可進行廣告運營），採用二維碼掃描進行軟件下載。

（四）運營模式

　　智慧商圈服務系統的建設、運行維護是一個長期的過程，是需要持續資金投入的，因此需要一個長效的運營機制。

（五）運營架構

　　商圈的運營架構如圖 11-5 所示：

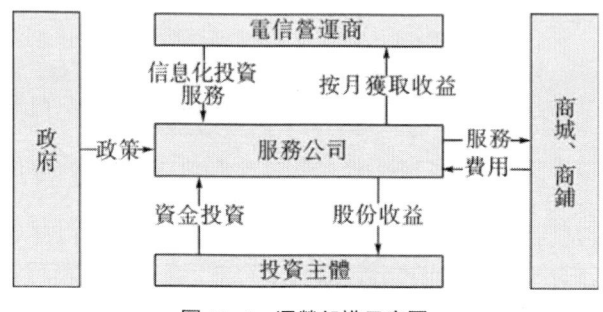

圖 11-5　運營架構示意圖

　　如南京新街口商圈成立服務公司專門進行智慧商圈運營，政府給予各方面政策支持，服務公司向商城、商鋪提供服務，獲取長期收益。

　　智慧商圈的建設經費來源於服務公司獲取的投資主體資金與運營商信息化投資。

　　運營商負責商圈無線網、支撐平臺、軟件開發的投資、建設、運維。

　　服務公司負責商圈"宣傳窗口"投資、建設、運營，負責內容服務，負責向商城、商鋪推廣服務、收取費用。

思考題

1. 傳統商圈在互聯網環境下面臨哪些挑戰？
2. 傳統商圈轉型升級的主要方向是什麼？
3. 傳統商圈由哪些要素所構成？
4. 傳統商圈有何特點？
5. 智慧商圈的內涵是什麼？
6. 智慧商圈服務 2.0 包括哪些內容？
7. 智慧商圈由哪些服務系統構成？

第十二章　電子商務產業規劃

學習目的和要求

本章主要闡述電子商務產業規劃的目的、作用和價值，電子商務產業規劃的主要內容，制定電子商務產業規劃的方式方法和步驟。通過本章學習，應達到以下目的和要求：

(1) 認識並瞭解電子商務產業規劃的目的、作用和價值。
(2) 學習並掌握電子商務產業規劃的主要內容。
(3) 學習並掌握制定電子商務產業規劃的方式方法和步驟。

本章主要概念

電子商務規劃　電子商務產業空間布局　電子商務產業園　縣域電子商務　農村電子商務　線上線下融合　三網融合　電子商務產業集群　網商　O2O展示體驗中心　移動電子商務　雲計算　大數據

第一節　電子商務產業規劃總則

一、電子商務規劃背景

當前，我國電子商務發展進入密集創新和快速擴張的新階段，日益成爲拉動我國消費需求、促進傳統產業升級、發展現代服務業、推動國民經濟保持快速可持續增長的重要動力和引擎。隨著電子商務發展環境的不斷改善，全社會電子商務應用意識的不斷增強，應用技能的不斷提高，推進電子商務發展工作機制的初步建立，圍繞電子認證、網路購物等主題出臺的一系列政策、規章和標準規範，爲構建良好的電子商務發展環境提供了保障。

2014年以來，我國縣域電子商務成爲新興熱點。據不完全統計，上百個縣市將電子商務作爲政府重點工作之一，有的甚至將其列入"一號產業"。在2014年7月舉行的首屆縣域經濟與電子商務峰會上，"如何發展電子商務園區"是各級領導最關註的話題之一，電子商務園區成爲縣市領導的主要抓手。隨著"互聯網+"進入政府工作報告，電子商務將受到各級政府、企業的更大關註，將更爲廣泛、深刻地

127

融入各地的生產、流通、消費等活動中。未來三到五年，縣域電子商務將持續火熱，孕育全新的電子商務增長極。相應地，縣域有望迎來電子商務產業發展熱潮。電子商務在我國幾乎已遍地開花。

我國面臨"三期疊加"矛盾，經濟下行壓力不斷加大，近幾年各地經濟增速也日漸趨緩。未來的主流商業模式是電子網購和直銷服務，零售、旅遊、餐飲、金融等傳統經營模式將遭到顛覆性改變，同時隨著網購行業發展的不斷深入，線上線下的融合已成為現代商業模式的一大亮點，而這一趨勢會倒逼著供應鏈、制造業、服務業的自覺改革。在這種趨勢下，各地將占地少、發展空間大的電子商務產業作為調整產業結構、轉型升級、發展新興產業的戰略選擇，紛紛提出加快發展電子商務的思路，出臺了加快電子商務產業發展扶持辦法等優惠政策，編制了電子商務產業園創建工作方案，並積極申報創建省（市）級和國家級電子商務示範（縣）區。

二、發展機遇

1. 全球電子商務進入新一輪增長期

電子商務日新月異的發展，帶動了全球經濟發展熱潮。電子商務與企業信息化相互融合，催生了電子商務服務業的迅猛發展，目前電子商務逐步進入信息流、資金流、物流三流融合發展階段，具備暢通無阻進入國際貿易領域的條件，國際電子商務正在從經濟體內向跨經濟體、跨區域以及全球化延伸，全球電子商務將迎來新的增長期。

2. 國內電子商務發展迅猛

近年來電子商務已逐漸成為經濟發展新亮點。"十二五"期間，電子商務被列入戰略性新興產業重要組成部分，國內許多城市高度重視電子商務發展，並已取得長足進展。縱觀全國，電子商務正逐步向應用縱深化、服務人性化、網站專業化發展。同時，區域化戰略、國際化視野和融合化發展，將使我國企業有機會和發達國家企業站在同一起跑線上。

3. 各地政府的積極參與為電子商務產業發展帶來新動力

各地政府應主動適應經濟"新常態"，重視電子商務產業發展，將電子商務作為轉型升級的重要抓手，依託產業和區域優勢，科學定位，形成特色，不斷優化電子商務發展環境，大力推動"線上"抓商機，"線下"促轉型。各地按照"智慧城區、E動城市"的思路，通過宣傳造勢、招商引才、規劃引領、政策扶持等多種措施，助推電子商務突破性發展。

4. 寬帶網的普及和智能手機的大規模應用為電子商務產業發展提供新契機

據統計，各地寬帶網普及率已達70%以上，智能手機普及率達60%以上，網購滲透率達到50%以上，進出各地的網購包裹進出量快速增加。網上購物、網上繳費、手機團購等已經成為各地區市民的普遍性網上行為。這些都為各地區電子商務的發展創造了良好的發展環境和消費人群基礎。

5. "三網"融合進程不斷加快爲電子商務產業發展帶來新機遇

三網融合進程的加快促使基礎電信服務和綜合信息服務的融合發展，在這個大趨勢下，各地區電信運營商一方面基於規模經濟推進寬帶和IPTV應用，同時力圖抓住智能管道、雲計算、物聯網等，加快開放轉型步伐和新技術應用，以豐富業務及提高用戶體驗，積極在電子商務產業中扮演更爲核心的角色。在本轄區內開展業務的互聯網公司快速構建並豐富內容以拓展用戶，不斷提升其用戶體驗和向非PC終端滲透，同時，互聯網公司在細分領域也進行有效的創新嘗試與融合推進。

三、規劃原則

1. 市場主導和政府引導相結合

遵循市場經濟規律和電子商務產業自身發展要求，結合各區區域產業特色，發展符合各區域實際的電子商務產業。同時，按照戰略性新興產業培育和建設電子商務中心的要求，確立市場主體在電子商務產業發展中的基礎性作用，強化政府在產業規劃、政策引導、配套完善、法規建設、市場監管等宏觀指導作用，加快推進電子商務健康有序發展。

2. 扶持促進和規範發展相結合

堅持"在發展中規範，在規範中提升"的發展路徑，努力創建具有比較優勢的政策環境，形成良好的電子商務發展氛圍，擴大在電子商務產業的市場份額，在商業模式和技術創新等方面達到先進水平。同時，加快建立健全電子商務相關配套法律法規，推動各地電子商務由"放開搞活"向"規範提升"階段發展。

3. 全面發展和創新提升相結合

結合各地轉變經濟發展方式的總體要求，加快推進電子商務在傳統產業和社會各領域的應用，提升各地電子商務整體發展水平。着力推動電子商務發展，支持並服務企業進行戰略、模式、技術及管理等方面的創新，推動先進技術應用，創新電子商務發展模式。

4. 狀大企業和完善支撐相結合

按照建設省（市）級和國家級先進電子商務產業鏈的要求，做大電子商務交易平臺，做強電子商務企業。加快推進電子商務支撐體系建設，發展電子商務產業鏈。鼓勵和支持新興技術應用和商業模式創新，加快對物流配送、誠信機制、人才資金等制約因素的破題，推進電子商務與支撐體系同步協調發展。

5. 重點集聚和全面布局相結合

結合各地電子商務發展實際，在加快推進重點區域建設的同時，兼顧全省（市）和全國電子商務協同發展，支持大宗商品交易實體平臺建設，進行大宗商品網上交易，鼓勵加快網路購物和行業電子商務平臺發展，推動電子商務在農副產品交易過程中的應用，支持電子商務企業實行運營總部、科研中心和倉儲物流中心跨區域布局，鼓勵和支持有條件的電子商務企業通過外設分支機構、併購及合作等方式，加快在國內市場布局和進入國際市場，把本區域建設成爲全國領先的電子商務中心。

四、規劃依據

制定電子商務產業發展規劃，要按照市場經濟的要求，依據國家近期出臺的政策、文件等進行編制，這些文件包括《2006—2020年國家信息化發展戰略》《國務院辦公廳關於加快電子商務發展的若干意見》《國務院關於大力發展電子商務加快培育經濟新動力的意見》《2014年度中國電子商務市場數據監測報告》《2014年電子商務白皮書》、工業和信息化部《電子商務"十二五"發展規劃》、商務部《服務貿易發展"十二五"規劃綱要》、商務部《關於"十二五"時期促進零售業發展的指導意見》、商務部《"互聯網+流通"行動計劃》，同時也包括各地出臺的發展電子商務的政策、文件和領導講話等。

第二節 空間布局規劃

一、空間布局規劃總體要求

電子商務產業發展在空間布局上要集中與分散相結合，以集中管理為主。

1. 規劃建設電子商務產業園

電子商務產業園可分為多期建設。一期可以以工業園區或互聯網產業園為基礎，逐步過渡到電子商務專業樓宇，逐漸形成以工業園或互聯網產業園為依託，形成規模較大、配套完善、具有一定影響和輻射力的電子商務產業園區。按各地的發展實際情況，電子商務產業園園區總面積可大可小，小可至數百平米，大可至數十萬平米。在功能上，形成以電子商務企業總部集聚、產品展示、平臺營運、支付結算、客戶服務等為一體的電子商務產業集群園區。通過入駐園區的國內知名電商企業的示範，帶動電商產業集群快速成長，推動電子商務與實體企業的高度融合，推進各地區電子商務集群化發展。

2. 多點發展

電子商務專業樓宇，作為對電子商務產業園區的補充和延伸，為各地區電子商務園區發展建設過程中的過渡性產物。以電子商務發展帶動樓宇經濟轉型升級，重點在於引進特定類別電子商務企業，比如O2O類或者移動電子商務類，打造集在線交易、展示、培訓、金融等功能於一體的電子商務專業樓宇。

二、功能區規劃布局

1. 電子商務總部功能區

各地可根據實際情況，規劃建設電子商務總部基地，該總部基地集綜合採購、開放平臺運營、雲數據運維、用戶體驗優化、物流控制、在線客服、電子商務人才孵化七大運營職能為一體。以總部基地為中心，打造各地區最大電子商務中心。以雲運營平臺、雲資源存儲、雲技術研發的三大雲平臺支撐電商規模，加快各地區現代服務業的升級，推動經濟社會發展方式轉型升級。

2. O2O 展示功能區

O2O 展示功能區，是立足線下實體展示體驗性銷售，與線上銷售有機融合的功能區。以實體店行銷爲主體，採用先進的互聯網技術與信息化手段，構建網上行銷平臺作爲延伸與補充，並通過專業化系統運營，實現線下平臺與線上平臺閉環運作的全新運營模式。充分利用互聯網與大數據全方位行銷，拓展商機，形成具備強大生命力的專業商貿平臺，應積極培育 O2O 體驗式商業模式。通過線上與線下資源結合，以 APP+WAP+WEB 三位一體 O2O 模式實現線上與線下相互轉化。O2O 展示功能初期規劃面積可在數十平米至數千平米之間，遠期規劃數千至數萬平米。可按照不同的功能劃分，設置具有本地特色的工業品、輕工業品、農牧特產品、手工藝品、非物質文化遺產產品、旅遊產品等展示區，以及跨境電子商務進口商品展示區，並可另設電商虛擬購物體驗區（二維碼掃碼購物方式）、電子商務貨品配送自提區、電子商務交易結算區等多個主題功能區。

3. 電子商務創新孵化功能區

隨著信息技術、網路技術、通信技術和各類 IT 服務市場的不斷成熟，電子商務應用需求迅速增長，電子商務的發展已滲透到傳統企業的方方面面，涌現出了大批中小電子商務企業和傳統企業電子商務化。同時很多園區也紛紛設立了電子商務專業樓宇，爲電子商務中小企業提供專業孵化。各地區的電子商務創新孵化功能區，主要是孵化電子商務相關領域的創意設計、品牌策劃、網路行銷、網路直銷分銷、跨境貿易、現代物流等自主創業項目。打造小微企業的一站式服務平臺及創意者、大學生的創業空間和平臺，爲各類創業者提供創業輔導課程、項目策劃推廣、政策法規諮詢、企業人才招聘、後期跟蹤支持等各項創業輔導服務，提高小微企業創業成功率。通過建立"孵化器+創業輔導+創投資金"的立體孵化模式，同時整合各種社會資源，爲企業打造一條"創業平臺—孵化器—企業加速器"的可持續發展的成長路線圖。

4. 電子商務物流配送功能區

服務於中小電子商務企業與實體商貿的物流倉儲與配送中心是電子商務產業園不可缺少的重要支撐。配備現代化的物流裝備，如電腦網路系統、自動分揀輸送系統、自動化倉庫、自動旋轉貨架、自動裝卸系統、自動導向系統、自動起重機、商品條碼分類系統、輸送機等新型、高效、現代化、自動化的物流配送機械化系統，配備數量合理、質量較高、具有一定物流專業知識的管理人員、技術人員、操作人員，以確保物流作業活動的高效運轉，形成物流、倉儲、分檢、加工四位一體的快速配送功能區。

第三節　工作任務與項目支撐

一、總體發展目標（2015—2019年）

"十三五"期間是電子商務發展的戰略機遇期，電子商務將呈現爆發式增長，各地可制定符合當地經濟社會發展實際情況的電子商務發展目標。

一是在優勢產業與重點行業，應深度應用電子商務。各地電子商務交易額達到數千萬元至數億元，網路購物交易額超過數千元至數億元，占GDP比重超過10%。

二是電子商務應用廣泛普及，各地區80%以上企業開展電子商務，70%以上中小企業經常性應用第三方電子商務平臺。

三是電子商務骨干企業具備規模與競爭優勢，培育多家收入超億元，若干家超千萬元的電子商務企業。

四是電子商務產業集聚區領先發展。打造若干個基礎設施完善、配套設施齊備、創新能力強、企業集聚數量超過數家、年交易額超過數千萬元至數億元的電子商務產業區（園、樓宇集群）。

五是電子商務專業人才具備規模。建設淘寶大學區域培訓基地，建設國家商務部電子商務人才區域培訓中心，建立與地方大學、職業培訓機構等電子商務"產學研"合作機制，到2019年為地方培養與培訓各類電子商務實用性專業人才數千至數萬名。

總體目標計劃表如表12-1所示：

表12-1　　　　　　　　　總體目標計劃表

目　標	2015年	2016年	2017年	2018年	2019年
電子商務交易額					
網路零售額占GDP比重					
規模以上企業電子商務應用率					
網路零售額占社會消費品零售總額比重					
規模達10億元以上的電子商務產業園區（個）					
銷售額過千萬元的電子商務企業（家）					
銷售額過百萬元的網商（家）					
國家及區域級電子商務物流配送中心					
電子商務從業人員（萬人）					

二、主要工作任務

(一) 加快培育電子商務平臺和網商

結合地區經濟結構和產業特徵，籌備本地化的電子商務 B2C 平臺，爲企業間電子商務模式廣泛運用打下基礎，使數字增值業務不斷延伸。

1. 加快發展行業電子商務

依託各地區塊狀經濟、專業市場和產業集群，建設電子商務平臺服務功能，推進行業網站的建立，促進信息流、商流、物流和資金流綜合服務融合。

2. 加快發展供應鏈電子商務

有效整合流通環節的各種資源，支持一批具有較強流通環節控制力的企業建立連接上遊供應商和下遊經銷商交易業務的電子商務平臺，提升各地區流通企業對市場的控制力。

3. 加快行業平臺建設

鼓勵市場運營主體、第三方電商服務企業整合市場資源，建立行業電子商務平臺，爲市場商戶提供線上線下交易服務。鼓勵市場經營戶在線發布商品信息、與客戶開展信息交流，最終實現在線支付、在線交易和物流配送。支持小微網商和個人創業者借助專業市場完整的產業鏈優勢，依託第三方平臺開展網路分銷與零售業務。引導有條件的專業市場設置電子商務專區，完善網路接入、倉儲配送、線上結算等電商配套功能。

4. 加快農村電子商務發展步伐

加快農村電子商務發展步伐，是建設現代流通體系、提高市場競爭力的迫切需要，是轉變經濟發展方式、推動傳統產業轉型升級的內在要求，也是整合系統網路和產品資源、打造上下貫通綜合服務平臺的重要手段。各地區以開拓農村電子商務和發展農產品電子商務爲重點，大力培育電子商務市場主體，加快基層經營服務網點信息化改造，加強不同類型電子商務平臺的建設與融合，全力構建具有地方特色的電子商務經營服務體系。立足供銷合作社傳統主營業務，充分發揮大型骨幹流通企業、商品交易市場、農產品批發市場的作用，建設 B2B 電子商務交易平臺，開展農資、農產品、日用消費品的網上批發交易。推動面向整個行業的電子商務企業發展，整合產業鏈和供應鏈，爲生產企業和分銷企業間、批發企業和零售企業間網上交易提供第三方服務，不斷提高供銷合作社行業影響力和主導能力。

5. 大力發展網商

網商作爲電子商務產業發展的推動主體，在數量與質量上都應得到大力支持。通過人才引進、孵化培育、轉型培訓、頂崗實習等多種手段，用幾年的時間，爲各地區培訓網商人才數千至數萬人。

6. 培育跨境電商

根據國家的"一帶一路"戰略，依託各地區不同的交通優勢和地理優勢，立足地區經濟帶節點，建設具有較強輻射帶動功能的區域跨境電子商務發展高地。通過跨境電子商務公共服務平臺建設，爲電子商務產業園企業打造一個集合商品供應、物流運輸和信息共享的跨境電商綜合供應鏈解決方案，提供具有時效、安全、價優的服務，推動園區電商向國際化升級。

(二) 推動網路零售創新發展

鼓勵大中型零售企業創新發展網路零售，建設線上線下一體化、實體與虛擬相結合的電子商務零售平臺。發揮網路零售成本低、覆蓋廣、速度快的優勢，加快網路零售企業和第三方購物平臺建設，實現企業規模、盈利能力和品牌提升。

1. 大力建設第三方網路零售平臺

擴大網路零售商品和服務種類，推動服裝、電腦及配件、家電、數碼、家居、母嬰用品、土特產等商品進行網上銷售，支持本地區網商進駐國內大型網路零售平臺。

2. 支持企業自建平臺進行網路零售

鼓勵發展特定商品門類或者特定消費人群的網路零售平臺，做精做透專業網路零售業務，着力培育一批輻射全國消費市場的網路零售企業，爭取形成企業總部、利潤、稅收、就業在地方，銷售覆蓋全國市場的良好發展格局。

3. 推進傳統商貿業和網路零售融合發展

支持傳統百貨、連鎖超市等企業依託原有實體網點、貨源、配送等商業資源開展網路零售業務。結合城市居民日常消費需求，支持小商品市場經營戶開展網上銷售，發展集電子商務、呼叫中心和城市配送於一體的同城網路零售，推進傳統零售業向全渠道網路銷售轉型升級。

4. 探索發展新型網路購物方式

結合農村流通實體網點建設，支持發展面向廣大農民的網路零售平臺，探索網上看樣、實體網點提貨等經營模式。規範發展網路團購，逐步建立市場準入制度，加強對團購組織者和資金的監管，促進健康持續發展。鼓勵本地實體在C2C平臺開店。

(三) 推動電子商務全方位應用

1. 提高電子商務應用在各個行業的覆蓋和滲透力

在各地區形成一批國內外知名的第三方平臺及產業集群。推動地方特色產業和產品建立垂直型電子商務平臺，通過向社會開放，逐步向行業性電子商務平臺發展轉型。擴大移動電子商務在生活服務和公共服務領域的服務應用，並進一步向工農業生產和生產性服務業領域延伸，積極推動移動電子商務在"三農"等重點領域的示範和推廣，加強移動電子商務技術與裝備的研發力度，完善移動電子商務技術體系、標準和業務規範。

2. 推進電子商務進入文化產業和數字出版業領域

完善制度建設，加強知識產權保護，鼓勵平面出版物和視頻節目數字化，支持對舞臺劇目、音樂、美術、非遺和文獻資源等進行數字化轉化、開發、下載和交易，規範發展網路遊戲等文化服務，培育專業性文化產品交易平臺。依託網路建立數字版權運營體系，探索"自助出版模式"。

3. 推動電子商務在服務業領域的應用

逐步探索和推廣電子商務在政府採購中的應用，進一步降低採購成本，提高採購效率和透明度。推進金融領域電子商務應用，加快發展網路融資、理財等金融中介業務，規範發展虛擬貨幣交易平臺。積極建設社區便民服務平臺，實現轄區企業全覆蓋並逐步向大衆延伸。

(四) 推動電子商務創新發展

1. 加快雲計算的應用

加快完善適應電子商務發展需要的 IT 基礎設施，重視雲計算和物聯網的基礎設施建設和在電子商務產業中的應用，加快開發基於互聯網的重要業務應用和服務，形成一批具有自主知識產權的核心技術和創新產品，使得企業實施電子商務更爲便捷與快速，爲電子商務產業構建具有競爭力的先進信息基礎設施。

2. 加快發展信息技術服務外包

鼓勵基礎電信運營商、軟件供應商、系統集成商的業務轉型，爲電子商務企業提供平臺開發、信息處理、數據託管、應用系統等外包服務。積極引進沿海知名服務企業設立區域總部，對中小電子商務企業開展軟件運營（SaaS）等服務。

3. 創新發展移動電子商務

支持基礎電信運營商、增值業務服務商、內容提供商和金融服務機構之間加強協作，依託應用手機和掌上電腦等智能移動終端，開展移動電子商務。加快移動電子商務服務平臺建設，鼓勵已涉及電子商務企業開展移動電子商務業務，逐步提高移動電子商務交易比重。開展移動電子商務試點，選擇一批購物網站作爲內容提供商，與電信運營商、增值業務服務商和金融服務機構之間開展對接，加快推進移動電子商務發展。

第四節　保障措施

一、加強組織領導和統籌協調，形成良性互動機制

加強本地區各部門協同合作，統籌規劃、整合資源、完善電子商務協調推進機制。成立以各地區政府部門主要領導、各職能部門負責人爲成員單位的地方電子商務產業發展領導小組。領導小組的主要職能爲：負責部署電子商務發展總體工作並協調跨部門工作，指導各責任單位承擔項目的實施，協調各參與單位任務推進中的銜接，保持與有關部門的工作溝通。對與政府對接的電子商務企業的相關業務，建立綠色通道，提供窗口諮詢，提高辦事效率。領導小組辦公室可設在各地區商務部門（廳、局）或經信部門（廳、局），負責日常工作。辦公室主任由區商務局或經信局主要負責人擔任，副主任可由各地區政府辦副主任擔任。

各地區可根據實際情況成立地方性電子商務行業協會，並充分發揮行業協會中介組織作用，積極組織各行業的電子商務應用交流會，促進行業交流和學習。支持行業

協會與相關科研院所聯合開展電子商務應用情況調研，發布行業電子商務應用報告，促進電子商務健康有序發展。

二、完善產業發展配套政策

各地方要解決平臺建設中出現的各種問題，並且推動重大專項行動的管理與落實，充分發揮企業的市場主體作用，支持企業通過產學研用相結合的方式開展技術和產品的研發，建立技術和產業聯盟。鼓勵企業與科研機構、高等院校聯合設立各類研發中心，聯合開展技術研究、產品開發、標準制定、應用推廣等工作。配合重點企業引進人才，強化各地區城市整體發展規劃，提高城市管理水平，加快園區信息化建設，完善城市服務功能。同時加強社會治安綜合治理，改善生活居住環境；加快智能型交通的發展，提高物流效率，改善外資企業服務水平。

三、完善電子商務產業政策

認真貫徹和落實現有的國家、省（市）級及地方扶持電子商務發展的各項政策法規，進一步研究制定與電子商務發展密切相關的財政、人才培養與引進、政府監管等方面的相應政策，大力促進電子商務發展。規範電子商務統計方法和統計體系，完善地方電子商務統計數據，定期開展電子商務統計，建立電子商務信息發布制度。

四、加大基礎設施建設力度

加快基礎通信設施、光纖寬帶網和移動通信網建設，推動"三網融合"。構建基於IMS、IPv6和OTN/DWDM，並支撐融合業務發展的信息通信網路。積極利用新一代移動通信技術建設寬帶無線城市，實現覆蓋城鄉、有線無線相結合的寬帶接入網。全面推進光纖到樓、入戶、進村，實現政府機關和公共事業單位光纖網路全覆蓋和新建小區光纖寬帶全覆蓋。實施信息化和工業化融合戰略，鼓勵企業基於研發、採購、製造、行銷和管理等全領域信息化，推動上下遊中小企業信息化應用，加快推進企業信息化。推進農村地區和邊遠地區的寬帶互聯網等信息通信基礎設施建設，建立健全農村信息服務體系。

五、加大電子商務人才培育和人才引進力度

鼓勵和支持高校與各地方合作，開展電子商務、網路零售、物流等學科建設。建立健全多層次的培訓體系，鼓勵企業根據自身實際邀請國內知名專家爲企業授課，與高校、研究機構聯合開展應用型人才培訓和入職培訓，鼓勵企業和相關人員參加行業協會和其他相關社會培訓機構舉辦的各類交流和培訓活動。加大電子商務人才引進力度，建立電子商務人才激勵措施，多渠道引進適合各地方電子商務發展的高端人才和複合人才，建立健全專業化電子商務技術和管理人才隊伍，根據相關政策爲電子商務高層次人才提供住房保障、子女教育、就業、稅收優惠等方面配套服務。

六、營造良好的發展環境

開展電子商務發展戰略和政策研究，建立和完善發展評價體系，提升電子商務統計監測、分析的科學化水平。建立重點電子商務企業（園區）運行監測統計信息發布制度，研究制定電子商務產業統計指標體系，規範電子商務統計工作。加快研究制定電子商務行業標準，出臺針對在線支付、安全認證、物流配送等支撐服務環節的行業標準和規範。加強行業協會等中介組織建設，提升行業管理和服務水平。加大電子商務宣傳力度，積極營造良好的政策導向和輿論氛圍。

七、切實抓好任務的落實

充分發揮好各地區電子商務工作領導小組及其辦公室的綜合協調作用，明確職責，健全機制，形成合力，切實做好《電子商務產業發展規劃》的任務分解和工作落實等工作。加強對實施情況的考核、評估和監督檢查，提高考核評估的針對性、科學性和有效性，推動《電子商務產業發展規劃》按時間節點、內容、要求全面落到實處。

思考題

1. 為什麼必須制定電子商務產業發展規劃？
2. 電子商務產業空間布局的具體內容是什麼？
3. 如何建設電子商務產業園？
4. 農村電子商務有何特點？
5. 如何培育電子商務產業集群？
6. 如何培養網商群體？如何提高網商的職業技能？
7. 如何建設與營運O2O展示體驗中心？
8. 如何構建與電子商務產業發展相適應的雲計算中心？
9. 電子商務產業與大數據的關係是什麼？如何推動區域大數據產業發展？

國家圖書館出版品預行編目(CIP)資料

網路零售學/ 沈紅兵 主編. -- 第一版.
-- 臺北市：崧燁文化，2018.07
　面；　公分
ISBN 978-957-681-360-3(平裝)
1.零售業 2.網路行銷
498.2　　　　107011010

書名：網路零售學
作者：沈紅兵 主編
發行人：黃振庭
出版者：崧燁文化事業有限公司
發行者：崧燁文化事業有限公司
E-mail：sonbookservice@gmail.com
粉絲頁　　　　　網址：
地址：台北市中正區重慶南路一段六十一號八樓815室
8F.-815, No.61, Sec. 1, Chongqing S. Rd., Zhongzheng Dist., Taipei City 100, Taiwan (R.O.C.)
電　話：(02)2370-3310　傳　真：(02) 2370-3210
總經銷：紅螞蟻圖書有限公司
地址：台北市內湖區舊宗路二段121巷19號
電話:02-2795-3656　傳真:02-2795-4100　網址：
印　刷：京峯彩色印刷有限公司（京峰數位）

　　　本書版權為西南財經大學出版社所有授權崧博出版事業股份有限公司獨家發行電子書繁體字版。若有其他相關權利需授權請與西南財經大學出版社聯繫，經本公司授權後方得行使相關權利。

定價：250 元
發行日期：2018 年 7 月第一版
◎ 本書以POD印製發行